あっちこっち食器棚巡り

讓我看看你的餐具櫃

伊藤正子 著
葉韋利 譯

前言

透過工作，我認識很多人。包括藝廊的老闆、料理家、服裝設計師、採購人員……真要一一列舉可是說也說不完，各行各業都有。每個人的個性不盡相同，卻都有一個共同點，那就是對「吃」這件事情無比熱愛！

不得不說，這本書根本是「物以類聚」的結晶，聚集了一群不折不扣的愛吃鬼，而且我還要參觀讓他們餐桌增色的餐具和餐具櫃。每個家庭都有不同的餐桌風景，同樣的，有多少人就有多少座餐具櫃。多姿多彩的面貌，讓我驚喜連連。本書由連載文章集結而成，自二〇一九年十一月展開採訪，中間遇到COVID-19疫情爆發，導致採訪無法正常進行。這個企劃案的精髓就在於「面對面，邊吃邊聊」，想不到竟然會有無法見面的一天。

話雖如此，山不轉路轉，後來我改成獨自在家中作業（用iPhone拍攝家中餐具櫃照片寫稿），或是用遠距採訪（請受訪者幫忙拍照）等方式，總算撐過來了。當初也曾想過是否暫停專欄，但此刻看看已集結成冊的這本書，覺得這未嘗不是一個好結果。在每一篇文章的最後，都記載了採訪的日期。希望大家在閱讀時也回想起當時的自己，「對啦對啦！那時候還發生過這些事情啊！」

冷水希三子——料理家

人生與餐具都是邂逅

Hiyamizu kimiko

1974年出生於日本和歌山縣。目前以東京為據點，從事與料理相關如餐點企劃、食物造型，以及設計菜單等。著有《快手沙拉》、《湯與麵包》等。

冷水小姐從彷彿能吹到海風的鎌倉，搬到東京都內的大樓已經三年。其實，她還是我的鄰居，從我家走到她家只要十分鐘。她不時還會邀請我，「要不要來我家吃飯？」一聽到她這麼說，我就會一手拎著葡萄酒，興高采烈地出門，同時滿心期待著冷水小姐的料理。那段時光真是太幸福了。

收納空間充足的廚房、刻意設計成能面向窗外的餐桌、餐桌兩側的開放式層架……每次來到這裡都忍不住讚嘆，這空間的使用方式真是太高明了！冷水小姐外出旅遊的機會很多，而且骨子裡就是個購物狂，照理說「東西只會愈來愈多」，但除了家裡一點都不顯得雜亂，從物品、器皿到她本身，都讓人有一種非常舒適悠閒的印象。

這房子實在太有冷水小姐的風格了。因此我猜想，一定在剛搬進來時經過大幅改裝吧？沒想到她卻說：「才沒有呢，全部都是房東重新裝潢的！」我想，來過的人應該百分之百都會跟我有同樣的誤會吧。畢竟要找到這麼適合自己的房子還真不容易呢。要不然就是當初找房子花了一番工夫，結果好像也不是這樣，據說「只是碰巧在租屋網站上看到這個房子。」如此而已。

工作、人、器物，還有房子。跟冷水小姐聊天時，經常會聽到「碰巧遇到的」這幾個字，讓我不禁佩服，原來她就是那種遇到好機會就能好好把握的人哪。對此，她卻只靦腆地笑說：「沒有啦，我也只是隨波逐流而已……」。「目前主要作爲日常使用的飯廳餐具櫃也是這樣，當初我也只是說想要個櫃子，朋友就說如果請他吃一頓鍋，就幫我做。櫃子就是這樣來的，有點以物易物的感覺。我當時還很年輕，沒什麼錢，這種提議對我來說真是太棒了。」

接下來，讓我們看看這座「用火鍋以物易物」換來的餐具櫃。據說當時並沒有提出太多要求，對方就打造出來的櫃子（見第八頁），實在太令人驚訝。因爲，和現在的房子也太搭了吧！「材質挑選的是常用來做踢腳板的杉木板。據說便宜又耐用。」讓我瞧瞧……仔細看看櫃子裡一字排開的器皿，從世界各國蒐集來的盆缽、大碗羅列其中。這些應該很重吧？我問她。她卻說：「可是啊，就實在太想要了嘛。所以買的時候一點都不覺得重。」我想像賣力拖著沉甸甸行李搭機的冷水小姐，不知爲何，像是自己也買到好東西一樣過癮。

好吧，那麼，今天想吃什麼呢？冷水小姐提出的要求是：「正子姊的拿手菜！」要做菜給料理家吃啊……我左思右想，決定做自己平常吃的菜色。

首先，我蒸了在常去的中式熟食店買的粽子。旁邊搭配切片的淡榨菜，將豆腐裝盤再淋上從家裡帶過去的中式醬汁，「鵪鶉皮蛋豆腐」就完成了。鄰居一同吃飯，就是要這麼輕鬆才好呀。我料理的同時，也請冷水小姐挑選適合的器皿。

這個搭這道菜好嗎？不如蒸籠就直接放在餐桌正中央？兩人討論的時光真是開心得不得了。也難怪到處參觀大家的餐具櫃會讓我上癮哪！

冷水小姐家裡有好幾座餐具櫃，其中收納量最大的就是這座放在飯廳的櫃子。家中的器皿幾乎都來自日本或亞洲，古董與現代創作者的作品大概各半。在椅子上的是出自造形創作者佐古馨之手的木器。內側上漆，端起來非常有分量。冷水小姐拿來當作葡萄酒的冰桶。

用飯廳一隅打造的書桌工作空間。
右兩側書櫃裡收放的，當然是各式
具器皿。

排放纖細高腳玻璃杯的這座櫃子，是位於書桌空間右手邊的書櫃。

這裡是書桌左手邊的書櫃。從第二層以上收放的都是木盆或漆碗。

書桌空間下方的小櫥櫃則收放餐具類。

工作區與飯廳之間的木製層架，也收放了很多大盆、片口※1，以及玻璃器皿等。

※譯注1 僅有一側注口的分裝皿。

設在中島廚房旁邊的碗櫃。

從廚房延伸出來的工作區。窗邊也放了餐具櫃，堆滿了營業用的白色西式器皿。

挑選器皿

冷水小姐挑選的器皿。裝榨菜和豆腐的器皿都是在京都店家找到的中國古董。大盤子非常實用，涼拌菜、蒸魚、炒菜等各種料理都適合。至於裝粽子的方盤，是「京燒」※2，同樣是老件。

※**譯注2** 泛指在京都燒製的陶瓷、器皿。

盛盤

講到粽子，位於橫濱中華街市場街頂好食品賣的，在我心目中是獨一無二的美味。總是要放幾個在冷凍庫，想吃的話隨時都有才安心。淡榨菜走清爽的口味。

享用

坐在飯廳裡。後方看到的就是P.8的餐具櫃。

攤開粽葉，把豆腐和榨菜放上去，就有吃便當的感覺。

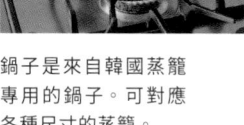

鍋子是來自韓國蒸籠專用的鍋子。可對應各種尺寸的蒸籠。

食譜

鵪鶉皮蛋豆腐

除了主菜之外還想多加一道菜時，我經常會做這道。

這道菜的醬汁用來搭配拍碎的小黃瓜也很好吃。

嫩豆腐……1塊
鵪鶉皮蛋……8顆
香菜……適量

醬汁（方便製作的分量）
醋……70 ml
麻油……50 ml
醬油……50 ml
薑末……1大匙
蔥花……⅓根
白芝麻……1大匙
豆瓣醬……1小匙
乾燥木耳……5～6朵

①嫩豆腐先瀝掉水分。皮蛋剝殼備用。香菜葉切碎。乾燥木耳泡發之後汆燙切碎。

②把醬汁的材料倒入鋼盆中，充分拌勻（也可依個人喜好加入切碎的香菜梗）。再拌入皮蛋。

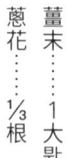

③將豆腐裝入容器，淋上②再撒上香菜。

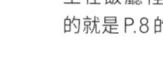

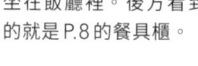

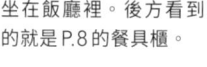

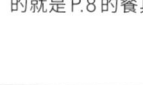

關根由美子

寧靜安穩的新居

——亞麻織品店負責人

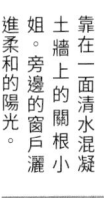

靠在一面清水混凝土牆上的關根小姐。旁邊的窗戶灑進柔和的陽光。

Sekine Yumiko

1969年出生於日本岩手縣。1999年在下北澤成立日常麻用品生活雜貨的品牌「fog linen work」。並於2016年再成立以南印度棉為主的服飾品牌「miiThaaii」。

剛開始用的時候直挺挺，但用了之後愈來愈柔軟，兩種型態都很迷人，這就是麻質布料的特色。最初接觸的時候，我忍不住驚呼：「沒錯！沒錯！這就是我想要的！」到現在將近二十年，舉凡家中的廚房抹布，到寢具、浴室踏墊，幾乎全是「fog」的產品，眞是惠我良多。

今天，我來到了「fog」負責人關根小姐的新家。地點距離前一個家很近，她對這一帶環境很熟悉，而且步行到公司也只需要大約十分鐘。其實從好一陣子前就聽到她要蓋新家，因此從收到她搬完家的通知到拜訪的當天，一直充滿期待。

我進到客廳的瞬間，「哇！好寬敞！」忍不住脫口而出。關根小姐說：「有小孩子到家裡玩的時候，大家都會很開心跑來跑去。」或許是清水混凝土的牆面，加上挑高的天花板，都讓人有種置身藝廊的感覺。此外，最讓我感到驚訝的是家中物品之少。明明是開生活雜貨、服飾店的人呀，居家生活怎能如此麼簡約？問她，難道妳都不購物嗎？「才不是呢，我超愛買東西。不過，大概是平常已經爲了工作（當作參考樣本之類）

買夠了吧，購買欲就因此獲得滿足了。」她回答。

這股極簡風也呈現在餐具櫃，潔淨、清爽。我猜，擺出來的一定都是經過她精挑細選的吧。「其實大概只有中間那層，一位我認識的藝術家雪莉．歐森（Sherry Olsen）的作品是我自己慢慢蒐集而來的，。其他大部分都是別人來家裡玩時送的。」聽到她的說明後，我更驚訝了。

來看看這座餐具櫃。本想這應該是關根小姐實際測量層板數量、長寬，並且算過餐具數量後規劃出的最佳尺寸。沒想到她說：「完全沒有耶，就交給他全權處理。」關根小姐口中的「他」，是她的人生伴侶——建築師大橋涉先生。據說，大橋先生不時會擔心，問她器皿和廚具的數量，關根小姐卻什麼也沒講。話說回來，不愧是專業人士，打造出來的餐具櫃不但陳列的物品一目瞭然，收取也很方便。連最下面也不忘留有亞麻用品的專屬空間，眞是太厲害了。

聽說有很多訪客也會借宿，但因爲餐具櫃與廚房的物品一目瞭然，即使第一次到訪的人也能輕鬆使用。關根小姐搬進來才七個月，這段期間除了日本朋友之外，竟然還有來自印度、法國、瑞典……世界各國的人士也在此駐足過。「我是沒能提供什麼太像樣的招待，但大夥兒經常圍坐在餐桌前吃吃喝喝。」聽她這麼說，我腦海中浮現了不只是屋主，連賓客也一同下廚盡歡的景象。

今天我們挑了雪莉．歐森的盤皿，裝了幾道分量不多的下酒菜。不是正餐，也不算點心，在傍晚這段時間配著喝點小酒，感覺眞棒。太陽漸漸西下，從廚房對側窗戶灑入的夕照爬上餐桌……哇，眞美。我告訴關根小姐，我可以一直看著這一幕，永遠不會膩。她說：「對呀對呀！當初我蓋這棟房子的時候，唯一的要求只有採光。」好安靜，感覺眞平靜。我好像懂了，這裡爲何會如此迷人。

餐廳、飯廳及廚房空間的東西很少，
感覺特別寬敞。據說當初還請大橋先
生特別設計，不要讓室內太亮。

位在廚房左手邊的餐具櫃。只有層板的簡單構造，器皿的數量並不多。

調味料和花器放在屋內一角的小推車裡。

餐具和常用的日式器皿都收在廚房的抽屜裡。

伴侶大橋先生設計這個家的模型（圖中），非常可愛。

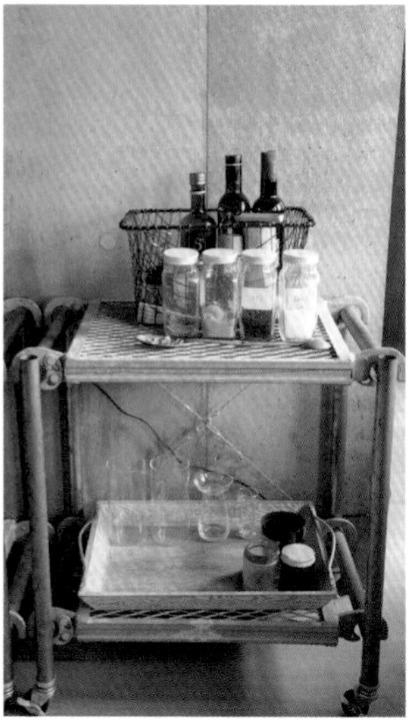

挑選器皿

過去也曾在「fog」辦過個展的美國藝術家雪莉·歐森的作品。她走遍世界各地，從事陶藝、布品等自由創作。

盛盤

這只大盤子也是雪莉·歐森的作品。關根小姐家的餐桌隨時都像這樣，鋪著一大塊麻布，享用餐點。我將買來的熟食和簡單下酒菜裝成一大盤。

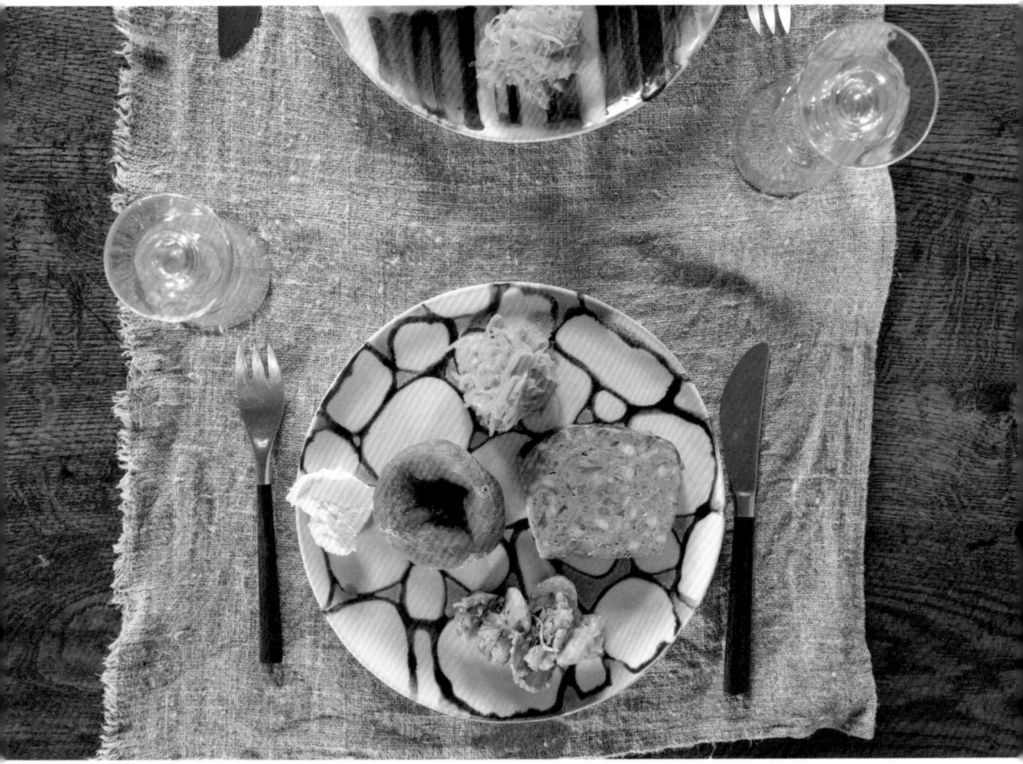

享用

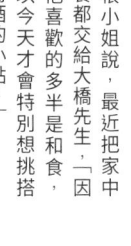

關根小姐說，最近把家中三餐都交給大橋先生，「因為他喜歡的多半是和食，所以今天才會特別想挑搭葡萄酒的小點。」

食譜

這次的企劃是想在晚餐前輕鬆小酌，重點就是不能太過努力。

當天我帶了在尾山台的「Au Bon Vieux Temps」買的肉派，還有自己常做而且喜歡的簡單小菜。材料都很簡單，大家可以依自己喜歡的調味動手做看看。

炒高麗菜苗

①將高麗菜苗對半切開，用鹽水煮軟。
②鍋子裡倒入橄欖油加熱，放進一瓣大蒜爆香，加入①和鯷魚，炒到軟爛。

法式紅蘿蔔絲沙拉

①紅蘿蔔用刨絲器刨成細絲（或是用菜刀切絲）。
②加入紅酒醋、橄欖油，加點鹽調味。攪拌均勻後撒上黑胡椒。

奶油柿餅

只需要準備柿餅和發酵奶油。吃的時候將柿餅切成適當大小搭配奶油一起吃。抹上大量剛從冰箱拿出來的奶油就非常美味。

山本祐布子 ——插畫家
江口宏志 ——蒸餾師
我的駕駛艙

最初先生宏志是一間小書店的老闆，店裡專賣藝術跟設計相關的書籍；太太祐布子則是插畫家，我很久以前就認識他們倆，但輾轉聽到這兩個人「結婚了」的消息時，還是稍微嚇到。不過，心情隨即平復，心想這一對還眞是天造地設啊。幾年後，我又聽說這對夫妻帶著兩個小孩跑到德國去學釀酒，這一次我不是稍微，而是嚇了一大跳！人生眞的永遠無法預料會發生什麼事，太有趣了。

「其實我也一樣啊，作夢都沒想到他有一天會去釀酒。」祐布子說。當時彼此的工作都很順利，卻仍對於未來有些不確定，總是希望能從事和大自然更有關聯的工作……就在這個想法冒出來時，他們在德國的旅程中，認識了釀酒大師克里斯多夫．凱勒（Christoph Keller）。喝到他釀造的琴酒時，有種好像直接把森林、大地、空氣灌入瓶子裡的感覺，感受到釀造眞是一門了不起的技術。「然後我就一股衝動，開口請他讓我在那邊學藝！」宏志說道。

在那之後他們先回國了一趟，經過一段時間籌備就再次前往德國。就這樣，在克里斯多夫先生的酒廠

Yamamoto Yuko
Eguchi Hiroshi

山本小姐是插畫家。江口先生在他擔任負責人的「mitosaya藥草園蒸餾所」（位於千葉縣大多喜町）負責產品及餐點飲品開發。江口先生曾是書店老闆，現在則成了蒸餾師。mitosaya每年會有幾天開放，供一般消費者參觀。

學習蒸餾，直到四年前一家人才回到日本。接下來又花了將近一年，輾轉遷居日本各地，尋找適合一家生活的地方，最後總算落腳在千葉的一處藥草園，也就是現在的mitosaya。「一開始我們還住在另一棟像是值班休息室的地方，後來才一點一點慢慢改造這裡（現在的家）。」

拉著來玩的人一起幫忙，處理掉前任屋主留下的物品，打掉牆壁、天花板……全是一些根本看不到盡頭又難以想像的工作。「話說回來，當流理台完成，台子上安好瓦斯爐的時候，終於開始覺得這裡有『自己的家』的感覺了。」

坐在挑高的飯廳裡，望著窗外的天空與綠意。在這個他們全家人一點一點打造出來的安身立命之所，一切都非常美好，但其中最引人注意的就是廚房吧台後方，祐布子稱爲「我的駕駛艙」的空間。走進這細長的小天地裡，右側是流理台和冰箱，左手邊則是一座大大的餐具櫃。

「這座櫃子原本放在現在當作飯廳的地方，後來搬到這裡。本來還想重新上色，但現在覺得就這樣也不錯。」櫃子裡放了好多蒸籠！不知道是做什麼用的。其他還有旅途中收集的盤子、創作者朋友的器皿作品，以及許多由祐布子設計，以金、銀、色粉等繪製紋樣圖案的蒔繪漆器。不過，怎麼只有一層什麼東西都沒放呢？「喔喔，那裡啊，隨時都保持淨空。比方說剛擦過的器皿會放在那裡晾乾，或是當作物品暫放的空間。」原來如此，有這樣一個小空間似乎很不錯耶。

「相較於之前住在東京大樓裡，現在無論是住家或是周遭環境都寬敞許多，對於理想的器皿尺寸也開始有不同的感受。」祐布子解釋。現在多了很多一大群人做菜吃飯的機會，挑選的器皿也愈來愈大。她說，現在想要的是mitosaya餐會時使用的整套餐盤（多達六十只）。下次來玩時會不會看到壯觀的餐盤大軍呢。想像一下，讓我又期待起來了。

2020.02

全家人搬進這個家整整三年，總算大致整頓完成，去年除夕發憤圖強，把長久以來堆在儲藏室裡的器皿全部整理收進餐具櫃。近期不太添購器皿，多半是把過去祐布子在旅途中或是古董店裡購買的東西，好好地珍惜使用。

為了讓所有器皿一目瞭然，收放時保留足夠的空間。至於日常使用的碗盤，就是要像這樣收納，才容易分辨也好拿取。

刻意空出一層，當作暫存的空間。

在德國鄉間民藝市集購買的器皿。平常會拿來當作飯碗使用。

祐布子繪製的漆器盤。如果有一天自己畫的圖案能以這種作品呈現就好了，感覺真棒。希望哪天祐布子能用這只漆盤來盛裝她做的菜。

為了避免純銀餐具變色，用手縫的布包起來收納。

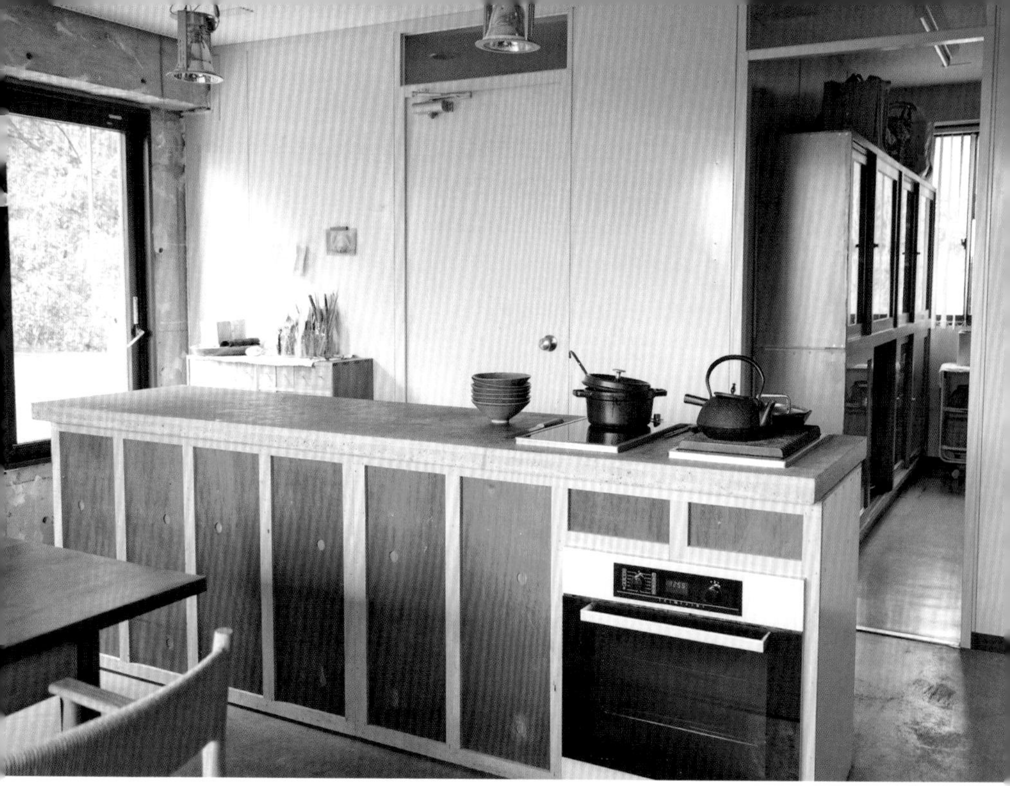

餐具櫃就在廚房吧台後方的細長空間裡。

從廚房吧台看過去的飯廳。

刀叉和模具這些小東西都整理收放在廚房旁邊的小抽屜裡。想不到有些地方以細繩代替把手，有些細繩還被狗狗咬掉了……

使用在義大利托斯卡尼設有工作室的陶藝家Christiane Perrochon的大碗，盛裝祐布子為我們做的油菜花濃湯。平常多半用來裝沙拉或是義式生魚片之類。

挑選器皿

祐布子最擅長在市集裡挖寶，這個盤子是她大概十年前在義大利的市集買到的。

難得下定決心大手筆買的Perrochon的器皿。從側面看過去也很美。

盛盤

享用

這天祐布子做的油菜花濃湯。外觀美麗，非常順口美味的一道（見P.26 ～ 27）。

食譜

水果三明治

祐布子提出的要求是水果三明治。因爲我喜歡打得偏軟的鮮奶油，所以這次就做只要把配料放到麵包上的開放式三明治。只要切一大盤水果放在旁邊就好。雀躍地挑選配料，然後組合眞是非常有趣。

記得女兒還小的時候，我常做這道點心給她吃。

① 將做三明治用的吐司切掉邊，再對半切開。

② 水果切成方便食用的大小。容易變色的香蕉，可以淋一點柑橘類的果汁。

③ 鮮奶油一盒※1加入三大匙砂糖（分量依照個人喜好），打發到六至七分。

草莓淋醬

草莓去掉果蒂，切成一公分的小丁，撒上砂糖醃漬。也可依喜好加點酒。這天我們用了mitosaya的白蘭地「FIELD STRAWBERRY」來提味。

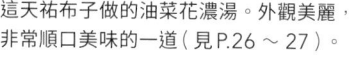

※譯注1 日本的盒裝鮮奶油約200ml，近幾年也有150~180ml的包裝。

越智康貴 ——花藝師

夢幻餐桌

我們第一次認識是在四年前。印象中是一個很輕鬆的聚會，我找了一群朋友來家裡喝酒。那時朋友帶來的朋友，就是我這次要拜訪的越智康貴。

哇！好高大！（他的身高一百八十八公分）咦?!還不到三十歲？雖然遭到包含我在內的一群大姊姊七嘴八舌地作弄，當事人倒是始終滿處之泰然的。當時對他的印象就是這位現在少見的平成男孩，不管昭和時代的歌曲或老梗，他都能跟得上。

那時出席聚會的他，抱著超大一束盛開的芍藥。而最讓我深深感動的是，他好像也記得這件事。隔年又送了一大束芍藥給我。自此，每年到了六月，我就會想起他覺得好久不見了，不知道他最近好不好。我想，在我的腦海中，已經深植越智老弟＝芍藥，兩者緊緊相連，真不愧是花藝師啊。

越智老弟除了要打理自己的花店，也幫一些高級品牌的活動提供花藝布置，經常忙到「整個人像是一塊破抹布，隨便找到東西就吃」，他平常在家都吃些什麼呢？我聽說他家的廚房裡有營業用的瓦斯爐台……

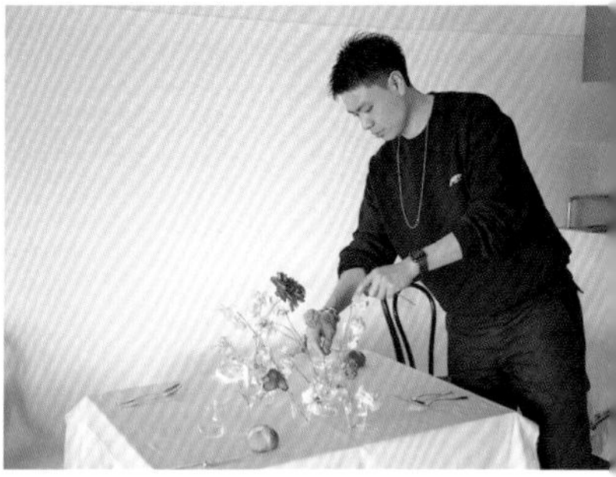

Ochi Yasutaka

1989年出生。為位於表參道Hills的花店「DILIGENCE PARLOUR OMOTESANDO」負責人。文化服裝學院畢業後，曾任職於百貨公司花店，目前為自由接案花藝師。

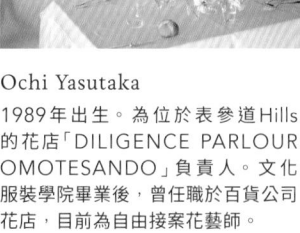

「我在家裡都吃些什麼？我從來沒跟別人聊過吃的耶，一方面是不擅長，不過最近似乎有慢慢改善了吧。」越智表示。就算問他喜歡的食物，他好像也沒辦法馬上回答。「因爲要看跟誰一起吃呀！如果對方是喜歡的人，就連燒焦的荷包蛋搞不好也會覺得很美味。」

感覺沒什麼雜物的寬敞單人套房。走進玄關，右側就是傳說中的營業用廚房。上方刷得亮晶晶的固定式不鏽鋼材質收納架，就是越智老弟的餐具櫃。裡頭收放著他在旅途中找到的，或是朋友贈送的器皿。「我最討厭什麼某某風格，應該是不想被定型吧。」原來如此，看到他餐具櫃裡的那些器皿，果然很難說是什麼風格。有杯緣呈現唇形的馬克杯（就口喝的時候就像在接吻），還有風韻十足的日式湯碗。其他像是法國古董盤和粉引小缽[※1]，裡頭還有幾件他很喜歡的貝殼造型器皿。喔喔！就在這一瞬間，我想到這不就是「越智風」嗎？咦？還是連被說成「越智風」他也不喜歡呢？

今天做的菜色是甜菜根濃湯和粉紅沙拉。訂好拍攝時間之後，因爲我們倆還沒達成共識，所以前後又來回討論了好幾次。花藝部分當然交給越智負責，他還準備了粉紅色桌巾，當我把做好的菜往桌上一擺……哇！簡直太夢幻了！有時候來個能稍微脫離現實的餐桌好像也不錯。

至於那個說過「不太聊食物」的人，當我請他走進廚房，卻可以充分感受到他是個會下廚的好手。廚具雖然數量不多，卻都是精挑細選，菜刀也保養得很鋒利，乾貨則收放在流理台下。還有，看看爐台上的鍋子明顯有使用過的痕跡吧？每次我借用別人的廚房，就能了解這個人一點。今天也一樣。

好啦，讓我們邊喝粉紅香檳邊聊，除了飲食之外的許多話題。

2020.03

※**譯注1**　「粉引」為製陶技法，在成形的陶土器物施作白色化妝土，然後塗上透明釉藥燒製。成品表面柔和，色彩看來更多層次。質樸溫暖的氣氛深受喜愛。

餐具櫃的左側是茶杯和茶托還有茶葉。

越智老弟的身高夠高，放在櫃子上層及裡面的物品都能輕鬆拿取。

三年前搬進來的單人套房。厚重不鏽鋼材質的營業用廚房，據說是原本就有的。主要的器皿都收放在廚房上方的櫃子裡。

挑選器皿

越智從小就喜歡學研出版社的《科學》刊物及生物，長大後便開始收集貝殼造型的器皿，照片上牡蠣外型的盤子是他在墨西哥的跳蚤市場買的。貝殼形狀的粉紅器皿是Wedgwood，茶壺和奶盅則是和合夥經營生活雜貨店「DONADONA TOKYO」的eri找到的。

盛盤

主題是粉紅色的餐桌。菜色以甜菜根濃湯搭配使用紅色系蔬菜的沙拉，連酒精飲料都選擇粉紅香檳。越智老弟用了玫瑰、香豌豆、櫻草這幾種花來布置。白色餐盤則是來自Astier de Villatte。

享用

在折疊餐桌鋪上粉紅色的桌巾。

食譜

甜菜根濃湯

鮮紅色的甜菜根裡加入鮮奶，就會變成漂亮的粉紅色。如果想要更滑順的口感，可以先過濾一次。

甜菜根……2顆
洋蔥……½顆
奶油……適量
鮮奶……2杯
水……1杯
鹽、白胡椒……適量

①洋蔥切成細末。甜菜根削皮後對半切開，再切成一公分小丁。
②鍋子裡放進奶油加熱融化，加入①的洋蔥慢炒到快變焦糖色。
③在②中加入①的甜菜根丁，輕輕拌炒一下加入鮮奶和水，煮到甜菜根丁變軟。放涼之後再用果汁機攪拌，讓質地更滑順。
④將③倒回鍋子裡加熱，最後用鹽和白胡椒調味。

粉紅沙拉

想要一口品嘗到各種味道，祕訣在於將所有材料切小塊一點。這是一道辣根風味明顯的大人味沙拉。

腰豆（水煮現成品）……1包（380g）
紅無菁、紅白迷你蘿蔔、紫蘿蔔、菊苣等紅色系蔬菜……適量
洋蔥……¼顆
辣根（磨泥現成品）……1大匙
橄欖油、紅酒醋、鹽……適量

①將腰豆的水分瀝乾（當然，也可以自行燉煮乾燥的腰豆）。各類蔬菜切成方便食用的大小。洋蔥切成細末。
②在大碗裡加入辣根、橄欖油、紅酒醋、鹽，攪拌均勻。
③把①的蔬菜加到②的大碗裡，然後拌勻。

我家的日式餐具

我家的餐具櫃，是設計在客廳一整個壁面的入牆櫃。圍著正中央的電視，左邊是日式器皿，右側收放了西式器皿和玻璃容器。

六片門中，左側三扇是日式器皿區。小抽屜裡收放豆皿※1。其他則是茶具、托盤、便當盒……簡單分類收納。

※譯注1 直徑六到十公分的小碟子。

各位最近過得好嗎？我呢，除了每星期大概外出採買兩次，其他時間都待在家裡（大多數人一定也是這樣吧）。早上起床之後吃早餐，工作一下就覺得咦？已經中午啦！吃過午飯後再工作一會兒，轉眼又到了該準備晚餐的時間。想到昨天問女兒想吃什麼，女兒回答：「媽媽，同樣的事情你今天已經問了第四次啦！」對耶，我竟然變得滿腦子都在想吃的事情！自己也感到很驚訝。一開始還雄心壯志，想挑戰一些費工的菜色，但日子一久，窩在家裡超過兩星期的此刻，餐桌上也逐漸恢復一般日常、平淡的菜色。

在這段期間，我深深感受到器皿強大的力量。好幾道我不知道做過多少次，不，應該說幾十次的「平凡無奇」菜色，總能因為搭配的器皿看起來充滿新意。比方說，涼拌菠菜。今天隨性地用片口盛裝，和隔天改用小缽一人一份裝好（重點是無論如何都要用調理筷仔細裝盤，簡單卻不隨便）。另外，味噌湯的配料如果是豆腐，不妨用

根来
三段重

黑色漆碗突顯豆腐的白；湯料多的話，就挑個容量大的合鹿椀※2，展現豪邁風格。光是思考這些就覺得很開心。每天就在熬高湯、燒羊栖菜的時候，一邊想著今天要用哪些器皿來盛裝這些瑣事。

四十一頁的照片，就是我家客廳裡的餐具櫃。原本有根用來掛衣架的橫桿，應該是衣櫥吧（至於爲什麼設在客廳？至今仍是個謎）。我把這些通通拆掉，加裝了大概三十片層板，裡頭全部漆成白色，就變成了我現在的餐具櫃。請看看插圖（見四十頁）應該就會懂了，櫃門共有六片，左側三扇是日式餐具器皿，右側的三扇則是西式器皿和玻璃類，大致這樣分類。

櫃子的深度達四十五公分，東西要是放在深處，的確不太好拿出來，因此我會刻意間隔擺放，或是偶爾把前後的物品調換位置。櫃子裡的空間固然很大，但一段時間沒整理還是會不小心就塞到爆。因爲無論外出旅遊，或是出席創作者友人的展覽時，我老是因爲「看對眼」、「說不定拍

1

2

3

4

照時用得到」等等原因，總之根本也沒人會追究，但自己還是會找個藉口忍不住就買下去了……至於如何解決「塞爆」的窘境，就是每年要重新整理櫃子兩、三次。不再使用的物品就送給想要的朋友，請別人接收。雖然已經不使用，但畢竟都是當初喜歡才收集的器皿，想到可以在別人家繼續發揮，心情就會好過一些。偶爾還會收到朋友傳來的照片，「我用來裝這道菜喲！」看到器皿到了新家後有了嶄新的面貌。瞬間也會覺得，啊，太好了！你眞是去了一個好地方！

這次爲大家介紹的是整理整齊後的餐具櫃左側，也就是日式器皿區。包括多年來使用的、新加入的、常用的，以及光是看著就賞心悅目的各種款式，這些器皿豐富了我的每一天。

2020.04

※**譯注2** 又稱鹿台碗，高高的碗足是其特徵之一。據說是因早期沒有桌子，為方便直接放在榻榻米上使用而設計。

5

6

1 在家裡吃便當，換個心情很不錯。便當盒也是「器皿」的一種。便當盒是赤木明登的作品，托盤則出自佃真吾之手。

2 船型的容器是在某個古董行買的御深井燒※3。下方鋪的小餐墊是請佃真吾先生特別為活動製作，很適合搭配點心或輕食。

3 這是某一天的午餐。看著從蒸籠冒出的蒸氣，感覺好開心。用好幾個豆皿來盛裝各色小菜，增添趣味。

4 將前一天做的幾道菜都擺出來。這種看似平淡無奇的一餐，其實是我最喜歡的形式。家裡如果有豆皿或是四吋左右的小碟，都非常實用。

5 使用伊藤環所做的黑色淺缽來盛裝韓式拌飯。搭配的韓式湯匙則是日本創作者的作品，這個組合在炒飯的日子也會出現。

6 加烏龍麵的是女兒的，我簡單喝湯不加麵。湯裡頭有大量海帶芽，邊喝邊把梅乾的果肉搗散。下方的大栗盤和湯碗都是佃真吾的作品。

※**譯注3** 指源自名古屋城內「御深井丸」，尾張德川家御用窯燒製的器皿。釉藥中長石的成分讓釉色帶有透明感，是其外觀主要特色。

從大方穩重的石盤到小巧端莊的豆皿

1

2

1 我很喜歡豆皿，一看到就忍不住買。因為實在太可愛了！就算平常不太敢嘗試的圖案或花色，因為小，似乎就能挑戰看看，這也是我總是「不小心」的原因。最上方的是在越南買的，當初花了約一百日圓就買到二十個。其他則是在日本買的。

2 直徑二十三公分，高六公分。尺寸恰到好處的黑色中缽，出自伊藤環之手。其實同一個尺寸我還有另一個粉引款，但經常不知不覺拿出來用的總是這一只。我想大概是因為覺得黑色器皿更能突顯料理吧。

3 在古董店或古董市集一點一點慢慢添購的古伊萬里器皿。在家中幾乎清一色純白的餐具櫃裡，三年前開始加入琉璃色的夥伴。原本還擔心會不會不好搭，結果是白擔心一場。無論是燙青菜、羊栖菜，或紅燒蘿蔔絲乾等等，用這款器皿盛裝會讓自己看起來像是廚藝高手，真是太棒了。

4 直徑約十六公分（右），以及相較之下小一

3

4

6

5

個尺寸的片口，如果我沒記錯，是已故創作者青木亮的作品。來到我家差不多二十多年，至今仍然經常拿出來使用。在圓形容器眾多的餐桌上，扮演了豐富餐桌風景的角色，非常實用。雖然是片口，但我用來盛裝日常菜色更甚於裝酒。

5
我們家並沒有成員各自固定使用的飯碗，而是每天自己挑選想用的器皿。剛才我數了一下餐具櫃裡的碗，竟然有二十多個，而且幾乎都是陶土材質，只有一個是瓷碗。這些都不是一次買齊，而是每次買一個、兩個慢慢累積而成。我最喜歡從旁邊看著飯碗疊放在一起的模樣。

6
直徑十四公分，高十公分。這款帶有高台、給人堅定印象的合鹿椀，我在金澤的古董店裡一見鍾情。我最常用來盛裝配料滿滿的湯品，此外像是紅燒菜、湯麵、沙拉，也能用它盛裝，是一款什麼料理都能裝的器皿。出自創作者角偉三郎之手。

7

8

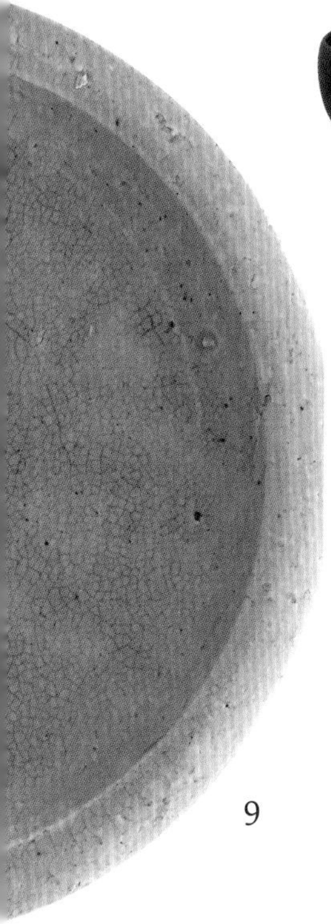

9

7 外型渾圓可愛的黑色漆碗，是佃真吾的作品。乍看之下型態有點歪歪扭扭，據說是因為採用天然木材乾燥而來的線條。用來裝豆腐、蓮藕的羹湯，或是蘿蔔味噌湯等，總之很適合搭配白色食材。表面上漆的手法大膽而不拘小節，也別有一番趣味，日常使用再好也不過了。

8 經常作為分裝小碟的四吋器皿，是花岡隆的作品。和片口一樣，都已經使用二十多年，但每次盛裝料理時仍舊覺得真是件極品。家裡另外還有幾乎相同尺寸的粉引及未上釉藥燒製而成的黑色款，我會根據當天主菜的器皿，以及菜色、心情等來搭配使用。

9 穩重紮實的石盤，直徑為三十五公分。由於每一只的觸感都不同，而且各具魅力，雖然很大，我還是買了三只。是在地方城鎮的古董市集以三千日圓左右購得，價格也相當吸引人。偶爾會想使用這類很有分量的器皿來豪邁盛裝料理。

10

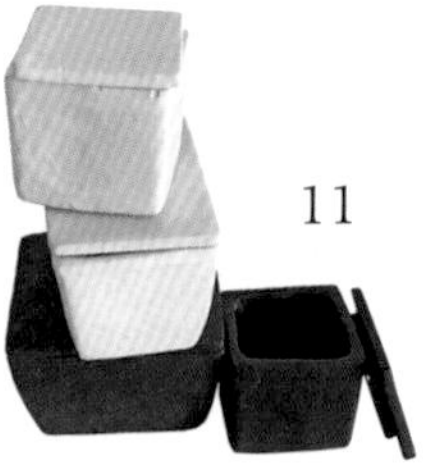

11

12

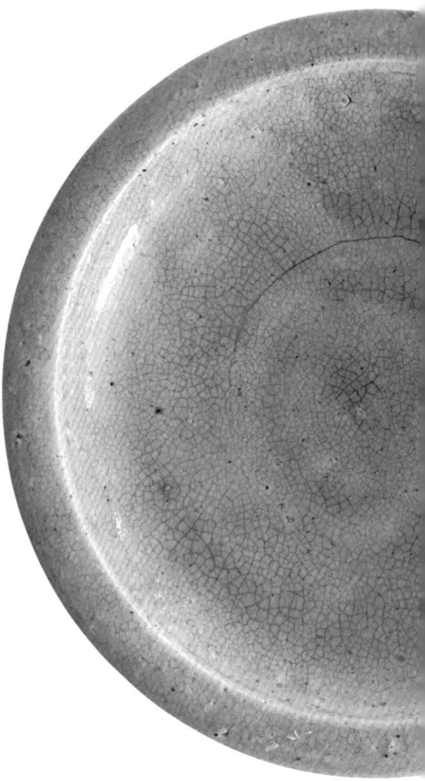

10 我每天會喝各種茶，和飯碗一樣，並沒有固定使用的杯子（說起來家裡每個人也沒有使用固定的筷子），而是根據當下的心情來挑選。喝溫開水的時候，我發現原來水的味道也會隨著容器而改變啊。喝起來的感覺，還有肌膚與杯子之間的觸感，似乎都會變得更敏銳。

11 這幾個井山三希子創作的附蓋容器，和豆皿一起收放在小抽屜裡。外型呈現立方體的小容器，邊長約三．五公分，經常用來盛裝小魚乾、醬菜這類配飯良伴。看起來賞心悅目，還帶有種扮家家酒的感覺也挺好玩。

12 這是由內田剛一創作的白碗套組，一組共有五個，最大的碗直徑是十八公分，深度大概十二公分。一整套放在餐桌上一字排開時，用餐的心情也會跟著嗨起來。我好喜歡這種雅致的白色，端在手上的感覺也很好。

我家的西式餐具

餐具櫃的全貌。正對面右側三扇門一打開是西式餐具的櫃子。有時候會更換一下電視上方開放架裡的物品。目前放的是玻璃類器皿。

西式餐具專用的櫃子。左側是經常使用的盤子，正中央是耐熱容器、水壺、飲茶使用的玻璃器具，右邊是玻璃杯、餐具等各類雜項。要是看膩了木頭桌面，就從籃子裡（正中央最下層）挑出適合的桌布鋪在餐桌上。別忘了，還有庫存的餐巾紙（右上層）。

整天待在家裡的日子，算算已經快兩個月了。這輩子好像從來沒有這樣過，足不出戶，這麼久沒見人。不知道將來會不會有一天，大家能一起笑看這一切說：「那時候眞的超慘耶！」或者，此刻的狀況對我們來說將會成爲「日常」呢？雖然知道人生無法預料會發生什麼事，但看著全世界的人都面對人生中的緊急狀況，連生性樂天、少根筋的我，也不免開始天天憂心起來。

話雖如此，肚子還是會餓。一開始覺得用高湯做些溫暖身心的菜色比較好，心思都放在日式料理上，但時間一長，還是想換換口味。最近餐桌上出現的多半是咖哩、烤羊肉、牛排、義大利麵等等西式菜色。人啊（說我自己），還眞是任性。

既然做西式料理，自然而然會往餐具櫃右邊的三扇門走去，因爲這裡塞了滿滿的西式器皿。多半都是來自北歐。另外還有法國原色盤子、外型圓嘟嘟的耐熱容器，再加上玻璃類。這些器皿我很少買新

的，多半是出外旅行時在當地的跳蚤市場或是古董店找到，小心翼翼帶回國的。

再次仔細看看，發現這個櫃子裡沒有任何太精緻的瓷器，全都是散發出溫暖氣氛的器皿。最主要的原因似乎是家中常做的料理，多半是燉煮、慢烤這類樸實的類型。至於擺盤，我也喜歡像是旅途中隨意走進的小吃店，那種不拘小節的風格。這類菜色，加上不裝模作樣的佐餐酒，正符合我此刻的心情。

雖然這段時間沒辦法上餐館，也不能呼朋引伴小酌，在用餐上有諸多不便（還是該說怨嘆？）但想想還是有好處的。那就是，我女兒開始自告奮勇做菜、挑選器皿了！從義大利麵、韓式辣炒年糕到擀餃子皮等等，她勇於挑戰，也不免失敗，但似乎相當樂在其中。另一方面，她挑選器皿也非常用心，有時候和料理完美搭配，但有時會覺得「咦？」哪裡不太對勁，每天好像都有新發現。在一旁靜靜看著她，讓我不禁懷念起來，想著自己二十一歲的時

1

2

3

4

候也會這樣嗎……

除此之外，還有一個「好處」。就是在家裡用餐的次數多了，器皿出場的機會也隨之增加，改善了餐具櫃的進出。午飯用這個，晚上換那個。有些當初因為喜歡而購買，後來卻沒什麼用到的器皿，現在可以刻意挑出來搭配使用。這麼一來，發現了一如往常的餐桌竟也添了些許新意。

在前一篇我也寫過，器皿具有強大的力量。即使搭配同一道菜，也會呈現截然不同的感覺。經過這次讓我深深體會到，所謂「衣櫥黑洞」，套用在器皿上也是同樣的道理吧……之後要更常使用，增進輪替。

其實，開始工作之後，已經沒什麼能像這樣一整天只想著三餐的餘裕。當然，這種日子要是長期維持下去也傷腦筋，但既然目前有這麼多時間，機會難得，不如就把握當下，樂在其中吧！好啦，今天晚餐要做什麼好呢……

2020.05

5

6

1　將各式料理放上托盤。早餐就是這種風格。只要幾件器皿的色調或質感統一，就能營造整體感。

2　在買來的派旁邊加上生菜，就成了一道單盤料理。這一頁刊登有圖案的餐盤，全都是瑞典製。看起來甜美，卻不會過頭，我很喜歡這種拿捏得恰到好處的分寸。

3　來自瑞典Gustavsberg窯廠的器皿，最適合盛裝像是油漬牡蠣或是野菇北非小米沙拉等這類小菜。

4　這只義大利大盤，直徑可能有四十公分吧，拿來盛裝季節水果放在客廳裡。也可以裝水後放入單枝花，作為裝飾。

5　經常出現在我家餐桌上的Staub小烤鍋。不但實用，外型也很美。餐盤是來自與陶藝家內田鋼一合作的品牌「鋼正堂」。同品牌還有麵包盤和湯盤，也都非常好用。

6　這個粉紅小花盤，當初在友人位於瑞典達拉納的夏季別墅中看到，就覺得好喜歡。後來我馬上去找而且毫不猶豫買下。可能是家中最可愛討喜的一件器皿。

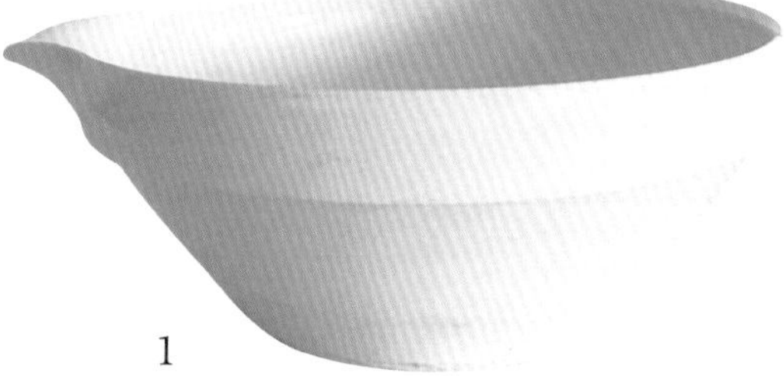

1

2

北歐，有時候巴黎，或日本

3

1 直徑二十五公分，Arabia出品的大碗，是我在芬蘭的市集購買。「碗口很容易破損，狀態能保持得這麼好真的很少見！」當初就是因為攤位店員的這句話，讓我下定決心掏錢。多人數聚餐時非常好用。

2 少見的黑色耐熱容器和11的繪皿一樣，都是來自瑞典Gustavsberg窯廠。除了原本作為耐熱容器拿來做焗烤料理之外，其實也可以盛裝沙拉、炸薯球之類。直徑十八公分，深度七公分，非常實用的尺寸。

3 在瑞典的古董店，看到這只罕見的海鷗圖案橢圓盤，上面蓋滿灰塵。不走可愛路線的風格，反倒吸引了我。長徑三十二公分的大尺寸，很適合宴客時盛裝大分量的生火腿、義式臘腸。

4

5

6

4 花朵圖案的湯盤，是我到瑞典達拉納旅遊時的戰利品。老件最棒的地方就是即使剛買，馬上就能融入自己的料理，合而為一。最適合盛裝羅宋湯、牛肉蔬菜燉湯這類燉煮料理。

5 我一直想找到纖細，卻不會過於可愛的杯盤組，最後總算讓我找到這兩組。兩組都是Arabia的老件。是我在斯德哥爾摩的市集找到的。兩組各有六件，我都相當珍惜。

6 右側的小壺是陶藝家中里花子的作品，高十二公分，口徑十二公分，容量十足。中間的來自法國，左側的則是芬蘭，都是老件。我很喜歡這類小壺的外型，家裡也有很多奶盅。

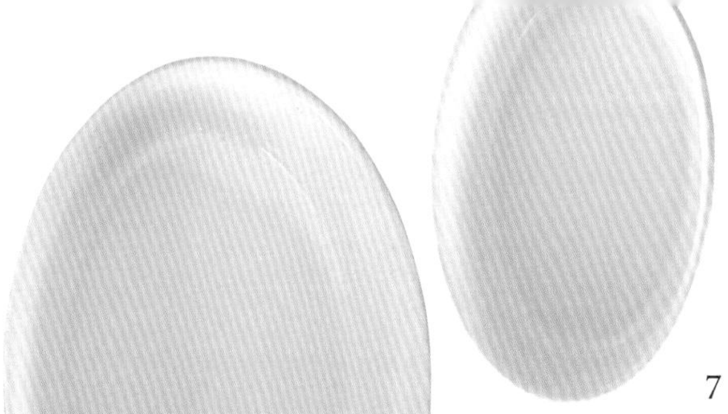

7

9

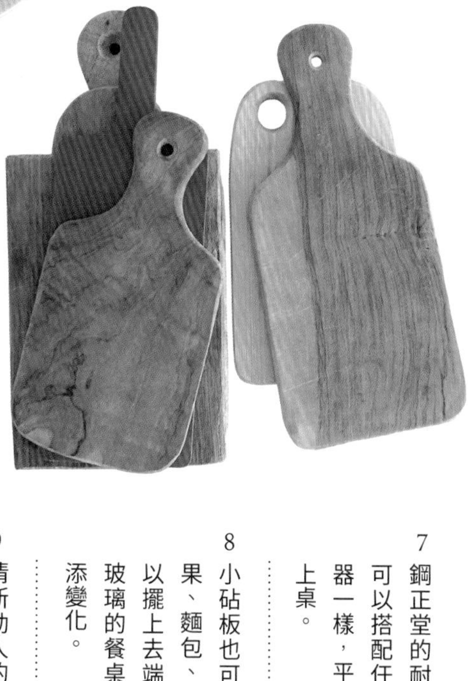

8

7 鋼正堂的耐熱盤。很柔和的白色，可以搭配任何料理。和2的耐熱容器一樣，平常大多直接當成「器皿」上桌。

8 小砧板也可以當作器皿。乳酪、水果、麵包、義式臘腸……什麼都可以擺上去端到餐桌。在滿是陶器、玻璃的餐桌上多了木製品，可以增添變化。

9 清新動人的花朵圖案老盤。表面雖然有很多餐具使用過的刮痕，但這也別有一番風味。在我家經常出現在午茶時刻，用來盛裝烘焙點心。自從開始看北歐古董之後，就愛上這種有圖案的盤子。

10 這些出現在巴黎市集，都是當地人出售用不到的耐熱容器，非常便宜（小的竟然只要一歐元！），我買了好多。外觀感覺很沉穩、有分量，我

10

11

經常一次做很多焗烤通心粉、千層麵，然後直接上桌。

11
繪皿出自瑞典最具代表性的設計師史帝．林德伯格（Stig Lindberg）之手。與其當作盤子使用，我更常放在醒目的地方欣賞。光是看著就覺得開心，對我來說，這組器皿就是如此與眾不同。

長田結香里——北歐生活雜貨店負責人

器皿專家

Osada Yukari

2005年成立北歐生活雜貨店「SPOONFUL」，並經營網路商店（spoon-ful.jp）。平常一年大約前往北歐採購三次，共計停留六十天左右。著有《北歐——尋訪古董雜貨之旅》、《北歐風格的室內裝潢——充滿個人創意的新鮮生活》等書。

從事採購這一行，需要的除了品味，還有能立刻判斷好東西的眼光以及豐富的知識。外加要有力氣。從包裝、寄送到日本、拍攝刊登到網路商店上的照片、出貨給客戶……呼，這些工作量真是非比尋常！聽得我都快暈倒了。但對於採買北歐生活雜貨及器皿的長田結香里來說，總是一個人就能簡單搞定這些事情。這次我要來參觀的，就是這位堪稱「器皿專家」的餐具櫃。雖然至今不知道拜訪過她家多少次，但今天還是頭一次在大白天來細細參觀呢！之前多半是晚上來，而且每次都一不小心就喝太多。

「我在九年前搬到這裡，當時整間房子全部翻新過。要從頭規劃一個家的空間眞的很辛苦，不過也很開心。」長田小姐的住處位於世田谷的住宅區，這棟樓層不高的公寓一開窗就能看到樓下的公園，地點很好。小巧可愛的廚房可以直接眺望公園綠意，堪稱是全家的貴賓席。餐具櫃，就設在水槽的上方。在這個「依據自己擁有數量製作」的餐具櫃，只放了需要的品項、需要的數量，收納得剛剛好。這也難怪，據說當初製作時可是經過多次測量器皿後，認爲「沒問題！」才量身訂做的尺寸。

「下面放白色鹽罐和胡椒研磨罐的那一層，上面只空了幾公釐對吧？當初爲了配合研磨罐的高度，上下隔板距離算得剛剛好，效果很不錯吧。」要是和隔板貼得太近，拿取就不方便；反過來空得太多，又浪費空間。這個恰到好處的尺寸，眞是不簡單！另一個讓人佩服的，則是餐具櫃上方的空間運用。「如果櫃子做到滿，頂到天花板的話，收納空間當然會增加，但同時也會有壓迫感。所以我特地空出將近二十公分，製造一些空間感。」聽說在歐洲多半也像這樣設計，在天花板與櫃子之間留下一些空間。嗯嗯，在這座小小的餐具櫃裡，隱藏了許多「原來如此」的道理呢。

既然在工作上會遇到大量的物品，家裡愈來愈多的器皿該怎麼辦呢？我問長田小姐這個問題……「我每年會在年底時，把家裡所有器皿都擺在地上，區分出會用的和不會用的。」這個回答太令人驚訝了！如果判斷「不會再用」的，她就會分送給其他料理家朋友。難怪每次來訪總覺得好清爽，原來是因爲定期這樣整理過。

今天的菜色，是之前曾在我家和長田小姐一起做過的越式炸春捲。本來想借用一只圓形大盤或是木托盤，直接把春捲和生菜盛裝一大盤，沒想到她拿出了史帝．林德伯格的碗，「這個搭嗎？」聽她說起來，居然是三年多前在採購途中意外發現的。「同樣花色我看過杯盤組跟餐盤，不過碗的造型還是第一次看到，好吃驚，竟然還有這種款式！」偶爾會遇到「想自己收藏不打算賣」的商品，這組器皿就是如此。不過，沒想到這組碗遠從瑞典來到日本，而且盛裝的還是越式炸春捲！當初創作器皿的人，應該也想像不到吧。此外，和當天的 Marimekko 桌巾也好搭。「用北歐的器皿來盛裝越式春捲！」下次我也想在家裡試試看。

水槽上方訂製的餐具櫃。看起來非常清爽，因為玻璃、白色以及木質調的器皿視覺效果相當一致。最下方一層稍微內縮，是為了不影響作業，而且也比較好拿取物品。自入住之後就在櫃子下方裝設橫桿，也是為了方便使用而訂製。

水槽對面的吧台下方有抽屜，裡頭也收納了餐具。收放在抽屜的話，即使是深處的東西也好拿取。

客用餐具就收放在有北歐風格的彩色麵包鐵盒裡。

長田小姐私心喜愛而收藏的各種鹽＆胡椒罐。有著可愛表情的小魚造型罐（左前）是瑞典製。帶著直條紋的三件組，則是出自瑞典女性創作者卡琳．比奧奎斯特（Karin Bjorquist）之手。至於帶著漂亮橄欖綠的，則是丹麥Laurids Lonborg公司出品，為塑膠材質。

盛盤

越式炸春捲，用萵苣、薄荷、羅勒、蒔蘿、香菜等喜愛的蔬菜包起來，沾魚露酸甜醬吃。
桌巾用的是Marimekko的「sulhasmies」。

挑選器皿

兩只碗是瑞典的史帝・林德伯格所設計的「Spisa Ribb」系列（Gustavsberg公司）。玻璃器皿則是旅居斯德哥爾摩的日本玻璃創作者山野安德森陽子的作品，平常多用來裝乳酪或是烘焙點心。

甜點是將小玉西瓜挖成小球，然後依個人喜好淋上琴酒一起吃。琴酒裡頭帶有幾十種香草植物的香氣。

享用

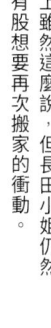

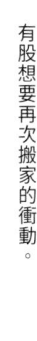

面向公園的客廳、廚房、飯廳。「這個家大致上讓我很滿意。」嘴上雖然這麼說，但長田小姐仍然有股想要再次搬家的衝動。

食譜

每到夏天就想吃的越式炸春捲。可以搭配大量蔬菜一起吃。魚露酸甜醬可以一次做多一點，除了當作淋醬，還可以拌冬粉。

越式炸春捲

米紙……約8張
豬絞肉……200g
冬粉……30g
大蒜……1瓣
香菜根……2株
蛋……1顆
魚露酸甜醬（也可用魚露）……2小匙
胡椒……適量

魚露酸甜醬
魚露……3大匙
砂糖……2小匙
檸檬汁……3大匙
水……4大匙
蒜末……1瓣
辣椒末……1根

①冬粉在溫水裡泡開後，切成一～二公分長。大蒜磨泥。香菜根切碎。
②在鍋子裡加入魚露酸甜醬的材料，輕輕煮沸後放涼。
③米紙在捲入餡料前先噴點水沾溼（不用一次全部噴水，分批作業）。
④把豬絞肉、蛋、魚露酸甜醬、胡椒和①加入大碗裡攪拌均勻，再用③的米紙包起來。
⑤用攝氏一百八十度的熱油將春捲炸到金黃色。

引田Kaori
引田Tarsen
物品與體力

——藝廊負責人

Hikita Kaori
Hikita Tarsen

即將邁入結婚第四十三年的兩人，平常都以「Ka-rin」和「Ta-sen」稱呼對方。Tarsen先生很早就退休，2003年於東京吉祥寺開了「gallery feve」與麵包店「Dans Dix ans」。Kaori小姐則著有《晴空 微風 深呼吸——如何走出暢快人生》等書。

從商店街再往裡走一點，位於住宅區中的獨棟建築。窗外充滿綠意，甚至還聽得到鳥鳴聲，悠閒靜謐的氣氛讓人忍不住懷疑「這裡眞的是吉祥寺嗎？」我有時候會拜訪住在這裡的Tarsen先生與Kaori小姐夫妻，喝著茶，然後天南地北地聊，有時候則讓他們請吃飯（當然酒也少不了）。每次要回家時總覺得心情輕鬆愉快，心想「引田家眞是太神奇了！」沒錯，這棟住宅具有一股魔力，讓人每次造訪後都像參拜完神社般感到神清氣爽。從玄關開始，客廳、飯廳、廚房……家中的每一處都讓人感覺好清爽，餐具櫃更是如此。因爲經營藝廊的關係，很多人大概都以爲他們家會有一大堆物品，但是！請看看這有條不紊的空間！

「家裡東西要是太多，會喘不過氣呀。所以三、四個月會固定把所有器皿搬出來，把整個餐具櫃擦乾淨。這時候我們倆就會討論一下，哪些器皿會用，哪些已經不用了，再分門別類。」Kaori小姐說，既然這些物品是爲了讓人使用而誕生，就必須好好利用。話說回來，兩人還是很愛購物，因此得定期檢視家裡的東西，自己不用就請需要的人接收，「總之就是要有進有出，保持循環」。

至於對於器皿的喜好，據說人生中曾經有幾次變化。「有一陣子迷上染付[※1]的器皿，然後有一段時間發現都在買營業用的純白色餐具。想起來，還有一陣子喜歡帶點巴黎氣氛的款式。總之，覺得喜歡的時候就會一頭栽進去，整個人投入在裡面，心滿意足之後可能就轉向下一個目標。」目前不追求「某某風格」，而是將重心放在國內外的創作者器皿，加上與各種量產品的「多樣混搭」。

兩人還在藝廊同一棟樓的地下室開了麵包店。因爲這樣，還以爲他們家平常比較常做西式料理……「以前孩子還小時確實常做西式料理，但現在是以大量蔬菜的和食（他們稱爲「老婆婆飯」）爲主。」隨著年紀改變的飲食，菜色與使用的器皿也相應變化。Kaori小姐目前已經幾乎不吃肉類，但偶爾太過疲勞時，她也會覺得「果然還是要吃點肉才行！」因此，今天她點的菜色就是肉類料理。話說回來，一大塊肉還是會讓人吃不消吧……於是，我決定用牛腱熬高湯來做羅宋湯。燉煮過的肉，剝散之後加入大量蔬菜再次熬煮，外觀上也不會感覺有太厚重的肉感。而我呢，也很厚臉皮提出要求，「想吃剛出爐的麵包！」在擺了湯與沙拉的餐桌，放上小爐子，剛出爐的麵包現場加熱（由Kaori小姐操刀，爲大家一一上麵包！），這頓午餐實在太美好了。

這次，讓我印象很深刻的一句話是「愛吃肉的人，就各種層面來說都是有體力的」。這麼想想，的確，包括我自己在內，異常活力充沛的人有不少都愛吃肉。Kaori小姐說：「我呢，不能算『肉食族』，所以沒什麼體力擁有太多物品。」但我想想，不對不對，要時時保持循環，不就需要大量的體力嗎？雖然當事人似乎完全沒察覺，但在我內心深處覺得，就我認識的眾多人當中，她才是活力第一名呢！

※譯注1 在白色底土成形的器皿上以顏料繪製圖案後，塗上透明釉藥以高溫燒製。多以瓷器為主。

運用廚房旁邊空間訂製的餐具櫃。據說不時會檢視調整器皿的配置，注重視覺感受的Kaori小姐，和強調使用方便的Tarsen先生，兩人總是在這時候展開攻防。這座餐具櫃的對面也有一座櫃子，是儲藏食品專用。

餐具櫃的右側。層板與層板之間留下較寬的空隙，這樣放在裡頭的餐具可以看得清楚也方便拿取。

廚房的櫃子上方放了一排籃子。因為地震的關係，高處盡量不放易碎物品。餐具櫃特別裝設拉門，也是相同的考量。

Kaori小姐說器皿之中她特喜愛漆器。這一只新宮州三的漆碗，可以盛裝味噌湯、熱粥，是她每天餐桌上少不了的一件器皿。

物品很少，相當清爽的廚房。
每次拜訪這戶人家就會受到感
召，回家之後立刻打掃收拾。

挑選器皿

Kaori小姐挑選了吉村和美創作的黃色湯碗搭配羅宋湯。飛鉋[※1]大盤則來自小石原pottery。

※**譯注1** 飛鉋也稱「跳刀」，是一種陶藝裝飾技法。職人用鋒利的刀具在拉坯機上快速旋轉的陶器上刻出花紋，規律且密集的紋理是其最大特徵。

盛盤

加了甜菜根，色彩鮮豔的羅宋湯。搭配削皮小黃瓜、梨子、蒔蘿以及橄欖油、鹽、醋的涼拌沙拉。

兩人經營的麵包店「Dans Dix ans」裡的「迷你農夫包」以及使用百分之百「北方之香」全麥麵粉製作的鄉村麵包。麵粉的香氣徹底在口中擴散。盛裝迷你農夫包的方盤是鹿兒島睦的作品，鄉村麵包則放在圓形木砧板上。

享用

這戶獨棟住宅自二〇一六年買下，經過翻修後入住。以更動房間外觀為興趣的Kaori小姐，據說調整屋內家具擺設是家常便飯。

食譜

羅宋湯

甜菜根的產季在每年初夏及晚秋。樸實且溫和的口味，與外觀色彩給人的印象大不相同。水梨與小黃瓜的涼拌沙拉，搭著好吃到沒話說的麵包一起享用。

牛腱（可以用切好煮湯的，也可以用一整塊）……500g
水……9杯
月桂葉……2片
大蒜……1瓣
洋蔥……（中）1顆
紅蘿蔔……1根
高麗菜……¼顆
芹菜……½根
甜菜根……（中）3顆
番茄……1顆
奶油……適量
番茄糊（不加也無妨）……1大匙
鹽、胡椒、酸奶（裝飾用）……適量

①牛腱、水、月桂葉放進鍋子裡，燉煮約一個半小時到軟爛，過程中要撈取浮沫。如果水變少了就再適量添加。也可以用壓力鍋。

②大蒜切成碎末、洋蔥對半切開後切成薄片。紅蘿蔔切成七公釐的小長條，芹菜斜切成薄片，甜菜根削皮後切成七公釐的小長條，番茄切成八等分。

③鍋子裡加入足量奶油融化後，加入蒜末與洋蔥炒香。接著加入番茄之外的蔬菜拌炒，炒軟之後再加入番茄一起炒。

④在③中加入①用牛肉熬出的高湯，以及番茄糊，用中小火燉煮三十至四十分鐘。

⑤把牛肉剝散後加到④裡，再燉煮十五分鐘左右，用鹽和胡椒調味。吃的時候搭配酸奶一起享用。

植松良枝

——料理研究家

第一是打掃，第二還是打掃

Uematsu Yoshie

以走訪世界各地、在菜園耕種蔬菜等經驗，設計出簡單的家庭料理。著有《春夏秋冬的日常宴席——季節料理食譜》、《巴斯克小酒館食譜》、《美味的越南料理食譜集》等書。

天生就愛購物，加上工作的關係使得家裡有相當多的器皿。話說回來，每次來到植松小姐家中，總是乾淨整潔的廚房，讓我印象深刻。其中的祕密，似乎就在那座靠牆的白色餐具櫃。

「這座餐具櫃是搬進來大概四年後才訂做的。一開始這裡放了營業用置物層架（ERECTA）和木櫃，器皿就收放在裡頭。」

置物層架和木櫃在收納上沒什麼不好，不過除了容易沾染灰塵，木頭材質也稍嫌厚重了些。植松小姐說：「我覺得白色比較沒有壓迫感似乎不錯，於是就重新訂做，發現果然正確。」沒有在一搬進來就做決定，而是在生活中觀察所需，找到「就是它了！」這種最適合的收納方式，這也是很好的想法。畢竟一開始很難想像什麼是最適合的規劃。

正中央保持開放，沒有做櫃門，似乎也是很正確的決定。「料理教室上課時，我會把要用的器皿放在這裡。平常則可以放花，或是喜歡的器皿。有一個這樣挖空的地方很棒。」這個「挖空」的空間貼著清爽雅致的磁磚，竟然是由她身爲磁磚師傅的父親親自操刀！「這是我爸退休前的最後一個案子。」哇！想必她父親一定也非常開心接下這份工作。深度三十六公分的尺寸，據說是配合家中最大的器皿而規劃。「只要這個放得下，其他都沒問題吧？」原來如此！對於規劃櫥櫃層板不知如何是好的朋友，請記得一定要參考這個作法。

對了，我們幾個朋友之間是這麼形容植松小姐，說「良枝所經之處好物不留啦！」（她還有個「購物推土機」的綽號）。我過去曾經兩次和她一起走訪北歐和北陸採購，看過她豪邁的採購風格，深知絕非浪得虛名。據她本人的說法，「教室要用的東西都是十個起跳，大概是這樣才讓大家覺得我都在大買特買吧。」話說回來，大量的戰利品都放在哪裡呢？

「料理教室使用的基本西式餐盤，或是印度、越南料理使用的器皿，都在另一間儲藏室裡的餐具櫃。不過，其實以前老家當作料理教室的工作室裡，那邊的餐具櫃好像也還有一些吧……」究竟有幾個餐具櫃呀？聽了讓人連連驚呼。但至少此刻眼前飯廳裡的餐具櫃，裡頭的東西一覽無遺，相當清爽。植松小姐說：「從事這份工作呢，總之第一就是打掃，第二還是打掃。」

植松小姐平常多半吃有大量蔬菜的和食，「所以在這座白色的餐具櫃裡，放的都是日式餐具或是容易搭配這類食物的器皿。」放在這裡的都是經過精挑細選後的「一軍」。有她喜愛的創作者作品，還有上次我們那趟金澤採購之旅買到的漆碗，其中也夾雜著在義大利普利亞的古董行發現的土缽、帶著釉裂紋路的法國白色老盤……雖然一整排器皿都不是特別突出、讓人驚豔的大作，卻都散發著適合日常三餐，穩重恬靜的氣質。讓人看了覺得好棒，自己也想擁有的東西，裡面還眞不少。

植松小姐最近正思考著要把廚房、飯廳、儲藏室之間的牆壁打掉，改造成寬敞的開放式廚房。這麼一來，餐具櫃應該又會增加了吧？到時候我一定要再來，好好參觀參觀。

植松家的餐具櫃位於廚房左側，利用飯廳一整面牆訂製而成。裡頭擺滿了餐具，但只要關上櫃門就覺得很清爽。白色就是這麼神奇！

由於在自家開設了料理教室，因此打開餐具櫃可看到為數不少的餐具。櫃子沒有做滿到天花板，反而留下一些空間，因此不會有壓迫感。櫃子上方擺放的是在西班牙巴斯克地區購買的籃子。

餐具櫃右下方，從上面數來第二個抽屜。前面放佐料用的餐具，裡頭則是各款筷架。放筷架的小盒子原本是用來裝泰國糯米。連抽屜內部都這麼清爽美觀，除了勤於整理之外，對分裝容器外觀的講究，也是原因之一。

這也是抽屜內部。裡面有一點一點添購的喜愛的創作者的分食湯匙、夾子等。這類品項算是常宴客的植松家才有的特色。

整個餐具櫃裡滿滿的「一軍」。每一件都能襯托料理，而且裝盤起來也容易。

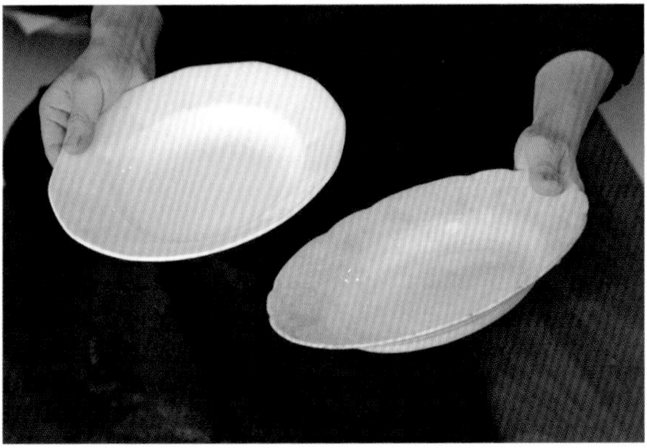

餐具櫃中央自下方數來第二層裡收放的深皿。有自海外跳蚤市場購得，或是日本創作者的作品，出產的地區與時代也各有不同。

挑選器皿

壽司是用能登朝奈創作的玻璃容器盛裝。植松小姐說，過去夏天會用感覺清涼的玻璃製品，冬天則用適合鍋類料理的陶土器皿……餐具也隨著季節「換季」。「不過帶小孩有點忙不過來，就暫時休息。」她說。

竹葉壽司（蛋、亮皮魚兩種口味）搭配「Yatara」。竹葉壽司另外還有鯛魚、蝦、肉燥、海苔（瓢乾）、白肉魚等一共七種口味。

盛盤

享用

露台上的柔和陽光
灑進飯廳裡。

食譜

柚香冬瓜泥鱈魚豆腐羹

植松小姐用冬瓜和魚漿片做了羹湯。把鱈魚豆腐磨成粗泥代替小魚丸。「夏季到初秋這段時間是冬瓜的產季，搭配同樣是產季的青柚子或是酸橘皮來增添香氣。如果天氣再冷一點可以把芡勾濃一點，或是加點薑泥。」（植松小姐）

冬瓜……200g（淨重）
鱈魚豆腐（鱈寶）……40g
高湯（柴魚昆布高湯）……300ml
薄口醬油……1小匙
酒……1小匙
鹽……少許
太白粉……1小匙
青柚子皮磨泥……適量

①冬瓜削皮、去籽之後，用磨泥板（磨蘿蔔泥用）磨泥。再將魚漿片磨泥（保持有一點粗顆粒的狀態即可）。
②在鍋子裡將高湯煮滾，加入①之後煮到再次沸騰，加入薄口醬油、酒，用鹽調味，調成小火煮八至十分鐘，淋入以等量水溶成的太白粉芡汁，攪拌均勻。
③盛到碗裡之後，再撒上磨下的柚子皮。

竹葉壽司／Yatara

今天我帶了神田小川町的老字號「笹巻けぬきすし総本店」的竹葉壽司，他們家的壽司醋勁十足非常美味，每年夏天一定要品嘗。爲了搭配竹葉壽司，我還做了信州的傳統鄉土料理「Yatara」，這是一道將夏季蔬菜切碎的涼拌菜。這次我用了茄子、蘘荷、生薑、小黃瓜，全部切碎後只用醬油調味。這次還加了點久漬的紅蘿蔔。

岸山沙代子

夢想的籐枝

——服裝設計師

Kishiyama Sayoko

曾在出版社負責編輯女性雜誌、縫紉專書，之後赴巴黎學習服裝設計。於當地服飾業界工作一段時間後回到日本，並在2016年創立自己的品牌「saqui」。使用品質優良的布料，製作讓消費者喜愛且耐用的服飾。

「當我第一眼看到，直覺『就是這裡了！』」服裝設計師岸山小姐說。那時她正盤算要把原本住的老房子拆掉，重新改建……沒想到同一時間看到了這棟房子。「我找過建築師，也跟建商談過，卻怎麼也拿不定主意。正覺得遇到瓶頸時，剛好聽說朋友的房子要出售。」

原本只打算去看一下，沒想到一回神已經決定要買了！「包括地點、大小，還有價格……各項條件都太符合我們的理想！」

岸山小姐去年結婚了。就在和先生以及兩隻貓要一起搬入新家時……赫然發現「新房子完全沒有收納空間！」這項驚人的事實。「因爲前屋主是個徹底的極簡主義者……所以首先就是要規劃家裡的收納空間。」包括廁所、客廳、廚房，還有這座餐具櫃。「這裡本來有個開放櫥櫃，但餐具櫃的話，我還是希望能有個門。」

那麼，應該就是將原本的櫃板拆除，改放這座餐具櫃吧？「不是的。我們利用原本的開放櫥櫃，只加訂了外側框架，所以餐具櫃沒有背板。」這個回答出乎我意料之外。據說因爲始終找不到心目中理想的餐具櫃，最後才想到了這個點子。看來結果還不錯，他們對清爽又不失美感的餐具櫃似乎相當滿意。

令人印象深刻的藤枝櫃門，是岸山小姐在外國雜誌上看到後便一心嚮往的。「這是我委託裝潢業者，一起到處看了許多樣品之後才選定的。」這款素材據說原本多用於椅面翻新，而且平常多以整捆販賣，沒想到可以這樣做成櫥櫃門耶！眞讓我大開眼界。其他像是衣櫥或是隔間，用這個方式來做好像也很棒。

那麼，餐具櫃裡收放了什麼樣的器皿呢？「上面放餐具，下面是食品庫存。其實家裡本來的器皿就滿少的。」岸山小姐說。打開上方櫃子的門，最上層是木器之類材質比較輕的器皿，第二層是玻璃類，第三層則是日式餐具，最下層是西式器皿與茶具。和餐具櫃一樣，裡頭的器皿也是「清爽、簡單」。岸山小姐幾乎每天都會做菜，但她說這樣的餐具數量已經足夠。我該向她學習……

這個專欄每次都會問受訪者想吃什麼。這次岸山小姐的回答是「伊藤姊的話……當然是中華料理！」（她知道我經常到台北或是橫濱中華街而且每次都採購大量食材）於是，今天的菜色就決定是肉末炒酸菜和辣白菜。該用什麼容器來裝呢……在我思考時看到櫃子裡最上層的兩個便當盒。一問之下，才知道岸山小姐有時候會做兩人份的便當。「只是把剩菜裝進去而已啦。」雖然她這麼說，但她給我看的照片感覺每個便當都好好吃。在百忙之中還親自做便當，眞不簡單！我幾乎可以想像，他先生發現當天沒有便當時會感覺有些失望。

我喜歡在家裡吃便當。所以，我決定今天把做好的菜裝進便當裡。微辣的炒肉末，加上酸酸的蔬菜，還有飯。忘了誰說過，「便當就是一個小宇宙」，我眞心認同這句話。我們天南地北地聊，享受一場意想不到的午餐便當約會。

位於開放式飯廳廚房，恰好符合窗邊空間的餐具櫃，是岸山小姐親自設計的。因為喜歡瑞士建築師皮耶・尚納雷（Pierre Jeanneret）設計的藤椅，從一開始就決定「櫥櫃門要用藤製的」。至於門上的把手，在找過多種款式之後選定了古董風格的黃銅材質。

餐具都收放在上方櫃門裡。看起來十分簡潔清爽，因為使用的物品都經過精挑細選。比方說，她過去旅居巴黎時買的Astier de Villatte，雖然自己很喜歡這個牌子的食器，卻因為跟日本的氣氛、光線不太搭調，現在收放在工作室。據說她目前最想要的是大餐盤。

日式餐具多半購自販賣器皿的藝廊或是京都的古董行。照片前方的白色盤子是小泉美幸的作品。兩只疊放的碗則在吃壽喜燒時當作分食碗，或是用來裝優格。

這裡頭有在法國跳蚤市場購買，也有井山三希子的作品與長尾智子創作的「SOUPs」系列作品。同樣都是橢圓外型，質感卻各有不同。平常家中的西式料理大致有這些器皿就足夠了。

挑選器皿

曲木便當盒是岸山小姐從過去擔任編輯時就很喜愛的用品。結婚之後也幫先生添購了一個。

盛盤

即使是平常的飯菜，裝進便當盒裡就有不同的感覺，真是奇妙。吃的時候可以依照喜好加點香菜。

享用

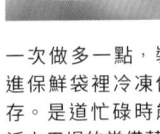

餐桌也是趁搬家時新買的。堅持找到一整塊原木桌面的款式。

肉末炒酸菜

可以鋪在蒸豆腐或麵條上，也可以用菜葉包著吃。一次做多一點，還可以冷凍保存，非常好用。今天的米飯是由一杯白米混入一大匙黑米炊煮而成。肉末炒酸菜就配飯吃。

豬絞肉……600g
酸菜……100g
大蒜……1瓣
薑……1小塊（約15g）
長蔥……1根
油……適量
醬油……2大匙
紹興酒……2大匙
味噌……1小匙
豆瓣醬……2小匙

①蒜、薑、長蔥切成細末。
②在中式炒鍋裡加入油和①，爆香之後加入豬絞肉拌炒，將肉末炒熟。
③在②裡加入切碎的酸菜和調味料，炒到湯汁收乾。

辣白菜

辣白菜就是糖醋口味的醃白菜。最適合當作清口小菜。由於保存期限長，也很適合一次做多一點常備。

白菜……¼顆
辣椒……1根
醋……100ml
砂糖……1大匙
鹽……1小匙

①白菜切成長五公分、寬一公分的小片，搓鹽（標示分量外）之後靜置一會兒，擰乾水分。
②在鍋子裡加入去籽後切碎的辣椒、醋、砂糖、鹽，煮沸之後倒入①拌勻。

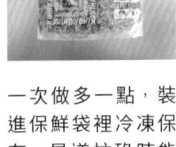

一次做多一點，裝進保鮮袋裡冷凍保存。是道忙碌時能派上用場的常備菜。

土切敬子

土切系統

——廚房用品店負責人

Tsuchikiri Keiko

從事織品、紅茶包裝企劃與設計相關工作一段時間之後，於2017年5月在東京井之頭的住家成立了「廚房道具土切」。主要業務是介紹、銷售實用又美觀的廚房器具，讓大家在廚房作業時更輕鬆愉快。店面資訊可參考Facebook及Instagram。部分商品也在網路商店（keitoco.stores.jp）販賣。2021年開設網店「廚房道具土切 Hobo日分店」。

有一次，會議結束回家順路繞去書店的時候，店員推薦我一間店。「從這裡要走一段路，不過那間店很棒，我每次去一定不會空手而回。我猜您一定也會喜歡。」店員聊著那間店，比介紹自家商品顯得更激動。既然人家都這樣說了……我就過去看看吧。這就是我認識「廚房道具土切」的經過。記得當時我買了蘿蔔磨泥板，還有琺瑯材質的量米杯。「這個磨泥板，因爲下方附了小盒子，可以輕鬆瀝掉多餘的水分。還有啊，很多食材都能用，不過白蘿蔔最適合。」或是「一般很少看到好的量米杯吧？這一款的設計很清爽，完全不礙眼，我自己都很喜歡。」老闆還會這樣親切說明。一回到家，我忍不住馬上試用，果然好用到沒話說。原來如此，那間店裡的商品全都是老闆精挑細選，難怪推薦起來也特別有說服力。

另一個吸引我的就是店裡的廚房。比起「店內好看的廚房」，給人的感覺更像是「眞正每天活動的廚房」。會呼吸，活生生的。

「對啊，這也是家裡的廚房哦。」店主土切敬子說。這次是我第三次造訪，終於參觀到心心念念的廚房。「我是二〇〇三年搬到這裡，那時候還把這個屋齡二十六年的房子整個翻新。」這間獨棟住宅就位於井之頭公園的附近。目前作爲店面的一樓，聽說當初隔成小小的空間。「後來我們把牆壁打掉，爲了改善採光還裝了兩扇天窗。」而現在流理台的位置原本竟然是壁櫥！

土切小姐在成立廚房用品店之前的工作，是做紅茶的包裝設計。等到孩子稍微大一點，她開始思考有什麼可以獨力從事的工作，第一個想到的就是開一間店，販賣她喜歡的廚房器物。「當然，家人都極力反對。因爲我想當作店面的地方是原本的客廳，這麼一來住家不就得全部搬到二樓嗎？再加上整個廚房也會讓客人看到。」即使如此，她仍然向家人宣布我決定了！我要開店！終於，在二〇一七年開幕。

「目前因爲疫情的關係暫時不開放，但本來客人可以在這個廚房裡拿起中式炒鍋嘗試甩鍋，或是試用菜刀、砧板來切蔬菜喔！」土切小姐說，因爲不試用看看怎麼知道好不好用呢！確實有道理。今天我站在這個廚房，果然跟在百貨公司購物時感覺不同，很容易掌握各項器具的相對尺寸。這種「住店合一」的「土切系統」，眞的太棒了吧！「不過呢，因爲要試的新商品很多，東西就愈來愈多了。然後店裡的東西也會慢慢蔓延到住家。」土切小姐解釋。物品確實不少……但環顧四周，到處都隱藏了收納的小巧思。飯碗和湯碗這些每天用得到的器皿就收納在瓦斯爐旁靠窗訂製的架子上。大餐盤和鍋子收在作業台面的下方。再往下是裝有輪子的葡萄酒箱。家具的側邊裝上掛鉤就可以掛蒸籠……大致是這樣。在空間使用上相當巧妙，也有很多值得參考的地方。「其實我很喜歡思考這些瑣碎的細節。」

經常有人說，喜歡的事情會做得更好，土切小姐正是最好的示範。相信接下來也會持續變化、打造出舒適的廚房。

土切小姐的廚房裡充分利用層板、掛鉤以及輪子等工具，在有限的空間中收納各式各樣的器具。以一家三口來說，東西確實比較多，但看得出她喜愛器皿、喜愛廚房器具的個性。窗前的架子上放著平常使用的器皿，相對於最下層有23公分的深度，中間兩層則是15公分，最上層最淺，是13公分。在視覺上比較清爽俐落。

流理台旁邊也有訂做的架子，收納器皿、器具。窗格的另一頭就是店面。原本想用整塊板子遮蔽視線，想想覺得不適合，最後採取這樣的形式。

瓦斯爐下方的開放櫃，做成抽屜形式。哪天我要打造自己的廚房時一定要模仿這個點子！想要方便拿取，重點就是留意別把東西堆得太滿。否則塞在最裡頭的東西最後就會漸漸被遺忘。

善用盒子和木質分隔板來收納各種不同尺寸的器皿。一目瞭然，而且拿取方便。

吧台下方深度26公分的櫃子，拿取物品非常方便。這裡收放的是玻璃類，以及杯盤組。

蒸籠最好放在通風良好的地方。使用掛鉤一一掛在牆上。

緊鄰店面的廚房一隅。
左側是店面，流理台另
一頭是飯廳。

挑選器皿

土切小姐最近喜愛的這只橢圓形土鍋，是位於四日市的萬古燒批發商三陶的「kanae橢圓土鍋」。土切小姐說：「土鍋鍋蓋的把手，通常都很難抓，一不小心就會讓鍋蓋滑落。但這款土鍋在這個小細節特別用心，很好拿取。」這是小野里奈設計的作品。

分食的器皿是在古董市集或京都購買，有小破損就用金繼修補，繼續使用。

盛盤

今天吃的是豬五花白菜鍋。

享用

家裡的飯廳就連著店面。就連一開始反對她開店的家人，據說現在也能諒解，在店面營業時還會迴避到廚房角落吃飯，幫了不少忙。

食譜

豬肉白菜鍋

今天，
我們吃冬天常做的火鍋。
白菜、豬五花肉，
用乾香菇熬的高湯，
一鍋煮到入味，好好吃。

白菜……（小）½顆
豬五花肉……300～400g
乾香菇……5朵左右
冬粉……50g
喜愛的鹽……適量

① 乾香菇用五杯水浸泡，靜置超過三小時慢慢泡發。白菜切成六公分左右的小段。冬粉用熱水泡過後撈到篩網上。

② 在鍋子裡依序疊放白菜、豬五花肉、冬粉……重複三次。加入泡發的香菇和香菇水，再用中大火加熱，沸騰後轉小火慢煮三十至四十分鐘。

③ 要吃之前把乾香菇夾出來，依照個人喜好自行加入鹽調味。

一田憲子——編輯

凹間的餐具

Ichida Noriko
主要負責女性雜誌或單冊書籍的編輯、撰稿。2006年成立的Mook《生活的重心》，每年出版兩回。著有《大人的整理術》、《早該說的話——50歲的我想告訴20歲的自己》等書。另外經營電子刊物《外之音，內之香》（ichidanoriko.com）

身爲自由接案的編輯，參與了某個室內裝潢雜誌的案子，一田小姐曾經到處採訪很多住宅屋主，「好像沒有我沒去過的都道府縣耶。」她說，這樣的模式至今也沒變，每天還是到處跑，持續採訪。在這個過程中，想必看過不少可以當作範本的住家吧？而這些又會爲一田小姐的家帶來什麼樣的影響呢？一直讓我非常感興趣。

「二十幾年前，我採訪過一戶人家，是一棟很老的日本傳統獨棟建築，在日式風格中巧妙融入西洋元素。整體感覺非常棒，我非常喜歡。」於是，她回想起兒時和家人在舞鶴居住的木造房屋。可能是懷舊之情油然而生，讓她心想：「要住就要住這種房子！」自此之後，她挑選的住居全是老房子。「我母親竟然還說，我這是不是叫作『舞鶴症候群』呢！」

搬到現在的家已經十五年。「之前住的地方房間比較少，用的餐具櫃也比較小。所以搬進來之後我就想著，這裡要放個大餐具櫃！」然而，搬家之後才發現，日本傳統平房有很多紙門、拉門、隔窗，竟然沒辦法放太大的餐具櫃！左思右想，考慮了很久，最後靈光一現決定把餐具櫃放在靠牆的凹間。認眞說起來，好像不該這麼做，想著想著，最後還是到處奔走尋找可以剛好放進凹間的櫃子。終於，找到的是這座刷白的舊式菜櫥。「感覺之前好像是醫院裡用的，買回來時還有濃濃的藥味。先在院子裡整個清洗過後，再和我先生兩個人慢慢搬進屋子裡……」這下子，終於有了夢想中的大餐具櫃。

裡面放的主要是搭配平常菜色的器皿。「剛買櫃子的那段時期很喜歡名家的作品，還會去追個展買作品，一場接一場。不過，有一次我拿了一個看起來很普通的樸素民藝器皿來裝菜，竟然也很搭。我心想，什麼啊，這樣也很不錯呀！從此之後，我對器皿就不太堅持了。」一田小姐說。現在她挑選器皿不再以「誰的什麼作品」爲標準，而是看到之後覺得喜歡就買。無論是民藝品、創作者作品，或是量產品。產地雖以日本爲主，但也有很多來自義大利、芬蘭等各個地方。「這裡面的東西啊，眞是亂七八糟的……」雖然一田小姐這麼說，但每一件都很實用，而且輪流使用的頻率很高。這樣的櫃子感覺眞好。

回來看看這款餐具櫃，買來之後除了「整組清洗」之外幾乎沒再經過任何加工。包括上層掛馬克杯的掛鉤，放置酒器等小器皿的淺層隔板，這些都是原本就有的。不但方便好用，加上還有玻璃拉門，能夠一目瞭然而且不容易沾灰塵。「就是啊。而且最下面那一層還有木門，平常不太用的器皿就全堆進去。」一座櫃子可以同時收納想展示與不想讓人看到的物品，實在是太優秀啦！

今天因應一田小姐的要求，做了三道「可以迅速上桌的菜色」。另外，還有一田小姐用土鍋現煮白飯捏製的飯糰，以及新鮮海苔味噌湯。在全是白色系食物的餐桌上，簡樸的器皿更加顯眼！這個秋日，我充分體會到「平凡無奇器皿」深藏不露的魔力。

餐具櫃的上層。原本就有的掛鉤，可以用來掛馬克杯的把手。

凹間的餐具櫃深度為28公分，比想像中來得窄，因此放不下的大盤子就另外收在廚房的開放式層架。左邊是穀片，先生平常早餐吃的。都是由一田小姐親手製作。

深度18公分的層板收放酒器、小皿之類。

大尺寸的碗缽、盤子，不是只在宴客時才使用，平常也頻頻亮相。「就算是紅燒蘿蔔或是凍豆腐，這類很平常的菜色，只要在大容器裡盛裝小分量，看上去就高級了起來，一方面還能欣賞和器皿的搭配。」順時針左起：花岡隆作品、伊藤聰信作品、清水善行作品。

整個家中最受重視的餐具櫃與各項餐具。當初尋找餐具櫃時，首要條件就是大小要符合凹間的寬度。「雖然也想過，白色會不會太突兀，但擺起來幾乎跟牆壁顏色融為一體，甚至還有種輕快的感覺，真是太好了。」一田小姐說。

挑選器皿

「我們家的三餐，只要『盛裝起來好看』就行啦！」秉持這個原則，一田小姐這次挑選的有瀨戶的古董片口、額賀章夫的小缽，以及飯干祐美子的盤子等。

盛盤

享用

餐桌就在餐具櫃所在的起居室。所謂的餐桌，就是在蘋果箱上搭一整塊木板（本來是雕刻伊勢型紙的台面之類）。原本是在藝廊當成展示台，後來朋友把它作為搬家的賀禮送給我。

食譜

這三道小菜簡單到我實在不太好意思說「是我做的」。日常備餐想要「多一道小菜」時，就能派上用場。

涼拌蘿蔔絲乾

蘿蔔絲乾……80g
小魚……50g（少一點也無妨）
醋……3大匙
醬油……1小匙
鹽……½小匙
麻油……2大匙

①蘿蔔絲乾泡水。小魚在平底鍋裡稍微炒一下。
②把水分完全擰乾的①蘿蔔絲乾和小魚放進大碗裡，加入調味料拌勻。試一下味道，加點鹽調味。

燒烤花椰菜

把切成小朵的花椰菜用充分加熱的平底鍋乾炒到表面微焦，撒點鹽。乾炒後再淋點油或撒上香料會更好吃喔！

豆漿蒸豆腐

吃起來就像剛做好的豆腐，熱呼呼。在容器裡放入一塊嫩豆腐，稍微用手剝成小塊，再倒入約一杯的豆漿，蒸二十分鐘。要吃之前淋點麻油，用鹽調味。

吉川修一

古董物品狂熱分子

——創意生活公司負責人

Yoshikawa Shuichi

1965年出生於日本東京都。在服飾業界約30年之後，於2013年成立STAMPS公司。除了有以「讓穿的人能感到幸福的優質大人服飾」為概念的品牌「STAMPS AND DIARY」之外，也參與監製多個服飾品牌。

「現在的家住了將近四年。我很喜歡搬家，所以四年對我來說已經算滿長一段時間。」吉川先生目前的住處是一間屋齡大約五十年的老大樓。

「我喜歡老物件。自從我開公司之後，每次找的房子都是位於東京都內的老建築，然後大概每兩年搬一次家。」

喜歡搬家的人，中意的物件。這種心情我非常了解。「現在的辦公室順利租在從以前就覺得很不錯的地方，算是安定下來了。」問了他之前租過的地方，每一個聽起來都是喜歡老房子的人一定會看上的地點。的確，像是大門入口的空間寬敞，格局很有特色，牆壁與地板用的都是好材料等等。「老」才有的優點，還眞是不少呢！「這個家也是我之前就很中意的物件，走到公司只要大概五分鐘，非常方便，還可以順便運動。我每天都走路回家吃午飯喔！」

吉川先生挑選的家具，果然也是古董，而且以來自北歐的物件居多。從放在客廳的餐具櫃、沙發、桌子、椅子等等，幾乎都來自北歐。確實，非常融入房子的風格。

至於由丹麥設計師博格・摩根森（Børge Mogensen）設計的餐具櫃，裡頭收放的……也全是北歐的器皿嗎？實際不然，有不少是日本創作者的作品。聽說多半都是在旅程中無意間逛到的藝廊購買的。這天，吉川先生用餐具櫃左側中層的馬克杯，沖了洋甘菊茶給我喝。這款馬克杯無論大小或是端起來的感覺，都非常好。聽說這也是日本創作者的作品。我問他是哪位創作者，他回答我：「對不起，我忘了耶！」這種大而化之的態度，感覺也挺不錯。

另一方面，當我問他喜歡的設計師時，他倒是立刻就說：「凱・弗蘭克（Kaj Franck）！」毫不猶豫。「尤其喜愛他在Nuutajarvi公司時期的玻璃作品。不僅色彩美，也有一種時下產品沒有的纖細感。」家裡的這些是他前往北歐時在跳蚤市場找到後，小心翼翼帶回日本的。

吉川先生首次遠赴北歐，是在十五年前。「那時候對我來說，受到非常大的震撼。不管是家具，還是器皿，許多東西都能數十年不變，持續製作，而且都在樸實之中隱藏了美感……」自此之後，因為工作需要，或是私下旅行，總之造訪愈多次，了解得愈多，他就愈喜愛北歐。

「我其實沒什麼『最終歸宿』的概念耶。」吉川先生說。他表示，接下來還是想試著到各地居住，將來還夢想能旅居外國。本以為他想搬到北歐的某個地方，沒想到他說：「最近我覺得倫敦還不錯。」換了目標。「因為工作的關係，我跟英國有不小淵源，而且曾經住過很短一段時間，所以有種熟悉感。這也是原因之一吧。」哇！如果這個夢想實現，他的住處會怎麼裝潢呢？會挑選什麼樣的餐具櫃呢？說不定哪天我會殺到倫敦，參觀一下他的餐具櫃呢。

讓吉川先生深深著迷的凱．弗蘭克代表作之一Tumbler「2744」。這是弗蘭克在Nuutajarvi公司時期的設計作品，在光線下可以感受到人工吹製玻璃的特有氛圍。芬蘭設計師莎拉．霍佩亞（Saara Hopea）設計的圓桶盒也很可愛。

凱．弗蘭克主導設計Hackman公司的「Scandia」系列餐具。

最常使用的器皿都巧妙收放在廚房流理台上方的小櫃子。最上層有很多以「2744」為發想原型的iittala公司「Kartio」系列玻璃杯。

客廳裡丹麥設計師博格．摩根森設計的開放式層架，裡頭的器皿產地以北歐為主，也有來自法國與日本當地的器皿。這次我使用左下層的柳宗理鐵鍋（左），和芬蘭設計師蒂莫．薩爾帕內瓦（Timo Sarpaneva）的砂鍋（右）做菜。喝洋甘菊茶用的馬克杯就在左側中層。

挑選器皿

盛盤

用法國里昂郊區的窯廠「Jars」的盤子來盛裝西式馬鈴薯燉肉搭配紅蘿蔔飯。

享用

吉川家的三餐由太太掌廚，平常以日式料理為主。餐桌是丹麥漢斯・奧爾森（Hans Olsen）的設計作品。

食譜

西式馬鈴薯燉肉

雞腿肉……2片
洋蔥……（中）1顆
馬鈴薯……（中）4顆
水……2～3杯
白酒……½杯
鹽、白胡椒、奶油、
義大利香芹……適量

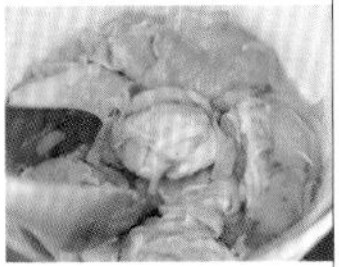

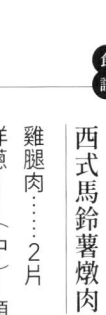

①雞腿肉切成四等分，先用鹽和白胡椒醃過。馬鈴薯削皮之後再對半切開。洋蔥切半之後再縱切成薄片。
②鍋子裡加入奶油，用小火慢慢炒洋蔥，小心不要炒焦。
③雞肉擦乾水分加入②中，煎到兩面金黃（但不要煎到焦）。
④在③中加入水（不同鍋子燉煮時水分蒸發狀況各異，請依實際狀況調整水量）、白酒和馬鈴薯，用中小火燉煮約二十分鐘，並且撈掉雜質浮泡。起鍋前加入鹽調味，再撒上義大利香芹。

紅蘿蔔飯

這次使用鐵鍋，但用一般的電子鍋也能煮得很好吃喔！

米……2杯
水……2杯
紅蘿蔔……（小）½根
奶油……適量

①米洗好之後靜置約三十分鐘。
②在鍋子裡加入米、水，磨好的紅蘿蔔泥以及奶油，一開使用中大火，煮到沸騰後轉小火煮十分鐘。關火再燜十分鐘左右，整鍋拌勻。也可以依喜好加點鹽。

仁平綾——散文作家

再見了紐約

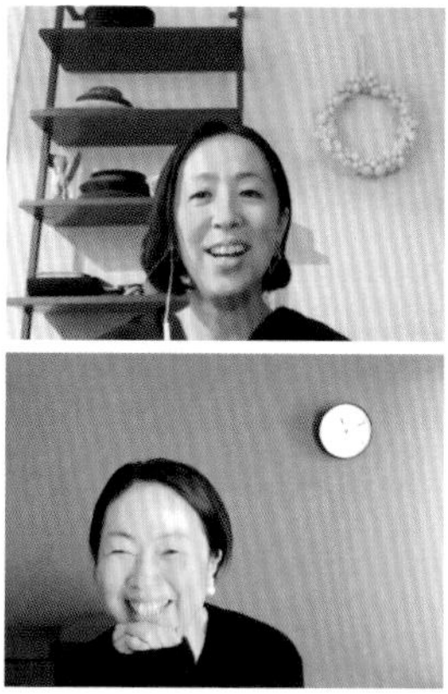

Nihei Aya

旅居紐約布魯克林九年之後，在2021年春天搬到了日本京都。著有《在紐約想做的100件事》、《美食盡在紐約！從早到晚的美食導覽》、《在紐約，下雨撐傘也是我的自由》等。Instagram（@nipeko55）也很精彩！

因應疫情，政府又發布了一次緊急事態宣言。這下子採訪該怎麼辦呢？去年，我直接貼了用iPhone拍的自家餐具櫃照片……因為那次的經驗，我想到了連載首次的遠距採訪。這次選定的對象就是住在紐約的友人，仁平綾小姐的家。

其實過去我造訪時，就對她沒有長物的簡潔生活感到佩服，想著哪天要向她請教箇中祕訣。聽說仁平小姐最近正在計畫，今年春天要從已經住了九年的紐約，一舉遷居京都。仁平小姐說：「我請搬家公司來估價，估出來的金額嚇我一大跳。家裡的東西好像比我想像得多。」什麼？這一點我也很意外。她家裡的東西明明看起來少得不得了呀！「所以呢，最近我正在篩選要帶回日本的器皿。」她說。「有些當初看了喜歡就下手，卻沒怎麼用到的東西，就問問附近友人，便宜出讓。其他的我打算貼張公告，通知住家同棟大樓的鄰居，或者開個搬家特賣網頁，上網拍賣之類。」

仁平小姐不僅旅居紐約期間，就連短暫回日本時，逛器皿行都是她的一大興趣。想像接下來她要一一打包，面對需要小心翼翼手提的多件器皿，區分「這個留，這個不留」，想必是工程浩大。不過，她一定也能俐落完成。

她現在住的公寓，過去是位於布魯克林的一間針織工廠。或許因爲這樣，聽說不時還會發現木地板縫隙間冒出縫針。至於我第一次拜訪時，首先感受到的是天花板之高，以及從客廳看出去的好視野。這種開闊感是在日本沒有的。「因爲是四樓吧。天花板高達四公尺，但這種物件在紐約很受歡迎，當初找的時候也費了一番工夫。」

家裡的器皿都收放在廚房流理台上方的白色餐具櫃，以及客廳裡的開放層架。印象中她說過白色餐具櫃是自己另外加工過……「對啊。本來跟水槽下方的櫃子一樣，是木紋的櫃門，但我實在不喜歡就把它拆掉了。」住在這個城市，也完全習慣了ＤＩＹ這件事。

這幾年來在夢想的紐約穩健紮根，傳遞當地各種文化訊息的仁平小姐，我以爲她會就這樣一直待在紐約……「現在這裡已經很習慣遠距工作了，我許多朋友都陸續移居到美國西岸、德州，或是夏威夷。看到他們的狀況，我開始思考，的確就算不住這裡，還是能做想做的事情呀！於是，這就成爲我決定回到日本的契機之一吧。」

仁平小姐說，因爲新冠疫情的影響，一開始讓她感覺綁手綁腳，但現在反倒覺得自由自在。過去她多半爲日本人傳遞紐約文化，她說往後希望能將日本文化向外拓展給更多人知道。

最後，在搬家打包作業時，她還製作了「回到日本後想吃的美食清單」。果然也是個貪吃鬼！我們約好下次要在京都一起度過美味時光！

這是放在客廳的餐具櫃。有白色瓶子（右側為伊藤環作品，左側則是波蘭「Mazama Wares」的商品）、水壺（內田鋼一作品）、木質器皿等各式餐具。另外還有小花器、擺飾等飾品。最上層由井藤昌志創作的木片圓桶，裡頭放的是餐巾紙。

打算直接這樣整套帶回日本的品茶組。附蓋的圓盒是在布魯克林的跳蚤市場找到，推測可能是舊的底片盒。裡頭裝的香草茶都是布魯克林當地店家「BELLOCQ」的產品，黃色茶罐也很時髦。

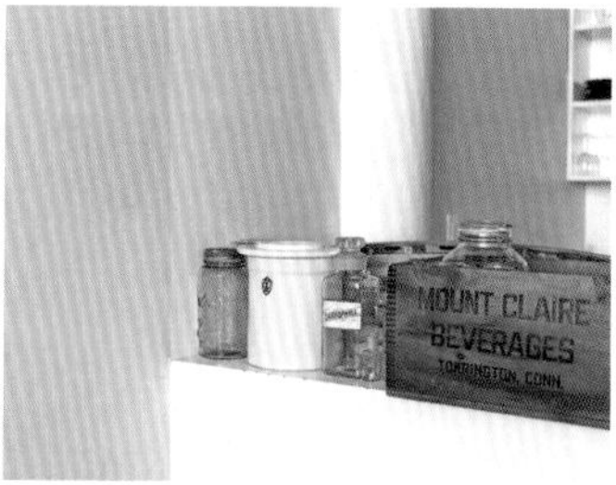

爐台後方的古董木箱與瓶罐。陶製容器本來是醃黃瓜的壺，仁平小姐也會拿來製作味噌。不愧是善用器皿的高手！

仁平小姐住了四年的紐約布魯克林舊工廠改建公寓。包括收納餐具的櫃子、冰箱及洗碗機，都是原本租屋就附的。水槽出乎意料之外迷你，也沒有通風扇（據說這在紐約並不罕見）。那些看來美味可口的料理（見P.111）竟然都是在這個小廚房裡做的！

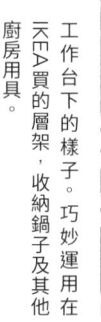

在多半為黑、白的素色器皿之中，難得有這組頗具玩味的小碗。這是住在沖繩的創作者小泊良的作品，仁平小姐花了將近十年慢慢收集而來。她說用這組小碗來沖抹茶，會讓美國人看了很開心。

水槽對面是一座寬敞的木板工作台。上面擺放了來自日本或是在紐約當地購買的物品，有新的，也有二手，共同交織出仁平小姐的廚房。

工作台下的樣子。巧妙運用在IKEA買的層架，收納鍋子及其他廚房用具。

疫情中居家隔離期間，我和仁平小姐聯絡過好多回，兩人每次都會互相勉勵，「還好我們愛做菜。」做菜不但能轉換心情，而且只要動手就能看到成果，還能讓家人開心。我在Instagram上看到仁平小姐做的料理，感覺都是色香味俱全。她說，每次邊吃都會和先生討論，「下一餐要吃什麼？」兩人老是在想吃的。

1 充滿紐約風格的一道，鬆餅！珐瑯盤是創作者金森正起的作品。仁平小姐說她最近對於珐瑯的潔淨俐落特質深深著迷。

2 聚集世界各國及各地料理的紐約。講到「Poke」一般都會想到夏威夷料理，但其實在紐約也算主流。這一次用的材料有鮪魚、酪梨、醃紫洋蔥、毛豆拌小黃瓜，還有酥炸餛飩皮。

3 甜菜根一整年都買得到。烤過之後做沙拉，或是做成最愛的羅宋湯。

4 糙米加上櫻桃蘿蔔的涼拌菜、羽衣甘藍和蘋果的沙拉，以及油封韭蔥。糙米和羽衣甘藍是仁平小姐搬來紐約之後愛上的食物。韭蔥生食做沙拉當然好吃，但她說放進火鍋（！）裡也很不錯。

在田佳代子

兩個家

——織品店負責人

Arita Kayoko

出生於日本兵庫縣。自1992年從事布料銷售，1999年成立了網路商店「CHECK&STRIPE」。目前在神戶、蘆屋、自由之丘、吉祥寺、鎌倉、輕井澤等地都設有分店。製作麻、棉、印花布等原創織品。著有《CHECK&STRIPE my favorite 我喜愛的服飾》等書。

在田小姐在兵庫有兩處據點，一個位於視野良好的小山丘，另一個則在市區（以下就簡稱「山區家」與「市區家」）。兩處都是由建築師中村好文設計，山區家是兩代同堂住宅，和兒子一家人同住；市區家則是和女兒夫婦同住的兩代同堂住宅。她說當初是因爲家庭成員各自遇到人生轉捩點，最後成了現在這樣的生活型態。話說回來，擁有兩個家還眞需要不少精力呢！

「平日要工作時我都住在市區，週末大多到山上悠閒度過。這樣轉換心情的效果其實很不錯耶！」在田小姐說。而且，這麼一來和兩家人都能保持若即若離、恰到好處的距離！

這次的遠距採訪，是以我曾多次造訪的山區家爲主。二〇一四年新居落成我拜訪時，她說還在慢慢添購家裡的東西……「是啊。現在已經方便多了，這裡各項生活用品也很齊全。」她展示一一五頁的餐具櫃給我看。開放式層架上放的是平常使用的杯子、咖啡磨豆機、茶葉罐這些和飲料相關的用具。抽屜裡則是餐具、桌巾、調理盆、調理盤這些廚房用具。上方的櫥櫃門，據說高度連身材嬌小的在田小姐也搆得到。

在這座餐具櫃的右後方，其實還有另一個「廚房」。「這邊呢，大概像這樣。」她讓我看的是收納抽屜

（一一四頁中排右圖）。抽屜裡可以讓大小不同的盤子全都立起來，一目瞭然。「盤子不疊放，就可以輕鬆拿取，連高台造型且表面粗糙的器皿也可以放心收納。」在田小姐似乎非常滿意。其實內行人一看就知道，「啊！是建築師中村好文的……」沒錯，就是「立皿抽屜」，而且將隔板斜插……原來如此，看起來眞的很方便實用。

這個位於內側的廚房，刻意做成坐在餐桌時裡頭的冰箱、雜物不會被看到的設計。「其實人站的地方大概只有兩坪多一點的大小，不過收納空間充足而且作業方便。就算做菜時弄得有點凌亂，只要拉門關上就沒問題。」

幾乎每個週末，在田全家人都聚在這裡（連同孫子共有八人！），圍坐在餐桌前。「我負責做菜，其他人就負責端菜、洗碗。從裡頭的廚房也可以通到走廊，所以就算同時有幾個人在也不會太擠。」在田小姐說，自從這個家完成之後，她做菜的機會更多了。「大家一直吹捧，說好吃好吃，我一開心就更常做了！」她說，住在樓下的孫子也說最喜歡奶奶做的菜了！高湯的味道很濃好好吃！

另一方面，我聽她對於中村建築師的作品讚不絕口，提出了好多好多優點，忍不住想反問：「難道沒有『如果能設計成這樣就好』的地方嗎……」沒想到在田小姐想都不想就回答：「完全沒有！」反倒是當初因爲家人提出來做的更動，入住後才發現該聽從中村建築師的建議才對……「畢竟多年來他設計的房子不計其數，更重要的是他本身也非常愛做菜。我覺得當初請他來設計房子眞是再好不過的決定！」

打造一棟房子是人生大事。能夠遇到百分之百信任的建築師眞是福氣。哪天如果我有機會蓋自己的房子，希望也能有這般的際遇。

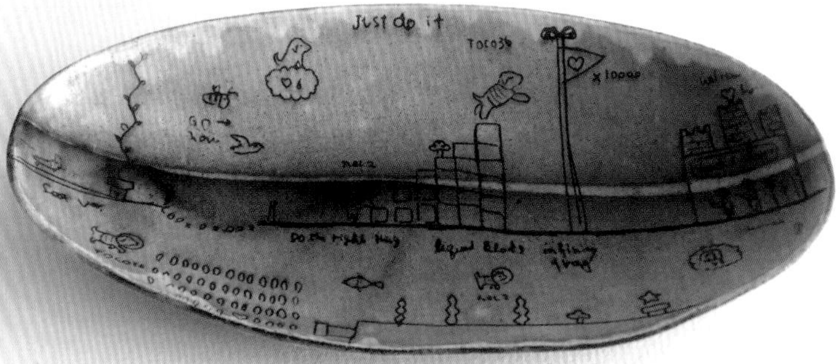

「市區家」裡使用的盤子。這是特別請益子的陶藝家寺門廣氣製作的，盤面上畫了在田小姐的幾隻愛犬，讓她愛不釋手，據說用起來也很順手。

左　如廚房的日文漢字「台所」其意，廚房裡有個大大的工作「台」，真是非常實用。安排生日驚喜，點蛋糕蠟燭也可以在這裡準備。「因為可以藏在裡頭看不到！」原來如此。
右　盤子立放的抽屜有兩個，另一個收放托盤之類。

好用且俐落的設計也討人喜歡，深受在田小姐喜愛的David Mellor餐具。

運用建築師中村好文的巧思在吧台下方打造玻璃杯收納櫃。用餐時不需離席就能直接拿取酒杯，非常方便。加上還有設置拉門，就算地震也不必太擔心。上層是巴卡拉（Baccarat）古董水晶杯。

「山區家」的廚房。假日通常在這裡度過。左側的開放式櫥櫃主要收放茶類各項用具。右方內側則是作業空間兼作收納的第二廚房，收放用餐所需的器皿。

和山區家相較之下「非常迷你」的市區家廚房。放在這裡的器皿也都精挑細選。

如果沒吃完可以讓大家帶回家的燒賣，每次都會多做一些。結果從來沒有一次剩下過。

用Christiane Perrochon稍微有點深度的橢圓盤來盛裝爐烤蔬菜。擺盤永遠好看零失敗。完全可以體會在田小姐的媳婦對它的讚不絕口。

Kanaya Miyuki——設計師

同心協力打造住家

Kanaya Miyuki

1965年出生於日本群馬縣。曾任藝廊策展人，1989年與新原福美組成「ZUBO」，目前以神奈川縣川崎市為據點，從事服飾、平面等設計。店鋪與設施等裝潢設計、施工主要由她的先生新原福美負責。

因為我們倆的女兒是小學同學，算算我和Miyuki的交情已經超過十五年了。我們這聊得來的四家人，每年會有一、兩次約在其中某家聚餐（可惜已經停辦超過一年），大家各自帶著拿手料理、喜歡的酒類，吃喝嬉鬧，好不歡樂。雖然從事不同的行業，卻是共同攜手度過辛苦育兒時期的「同志」。多年來始終維持這樣不遠不近，恰到好處的距離關係。

這個聚餐的場地很常選在Miyuki家裡，我對此總是萬分期待。除了胃早被美食抓住之外……更重要的是她家的舒適感。

「這棟房子是在十三年前蓋的。一開始的結構和貼石膏板是請建築公司弄的，之後其他工程幾乎是我先生包辦。」她的先生，新原福美平常的工作就是統包個人住宅及店鋪的設計、施工。事實上，我家也因為「牆壁想要粉刷」、「這裡想裝一個架子」而請他幫忙（還有老家的浴室翻新也是！）。真是多虧了福美先生。只要說出希望想這麼做，或是覺得可以怎麼調整，他就能把希望化為具體，是一位強力幫手！這一點在他自己的家裡也一樣。「我拜託他幫忙磨一下砧板，他就會拿到樓下的工作室磨好；覺得熱水器的按鈕太醜了，他就會做個有小門的木箱子把它遮起來。家裡有這樣的人，眞的太好用了！」

安置在客廳兼飯廳裡的餐具櫃，自然也是福美先生親手製作。「這裡的隔板距離要○○公分。」只要這樣跟他說，福美先生就會有求必應！這眞是太令人羨慕了。餐具櫃的櫃門採取按壓門扣，一按就能打開。聽說原因是門上沒有把手，看起來更清爽。就連這些小細節，也是兩人討論之後決定的。「可是他弄自己家裡跟工作時不一樣，最後收尾很隨便啊。你看這裡有點歪，他居然說沒關係啦，反正是自己家裡！」趁著這次採訪的機會，Miyuki問福美先生對於打造這個家有什麼堅持，得到的回答是：「放輕鬆。」她跟我說，是不是很好笑！但我想，正因爲這樣，這個家才令人感覺如此舒適自在吧。

櫃子上層四組對開櫃門之中，當作餐具櫃使用的是接近廚房的左側三組。想當然耳，容易拿取的地方收放的是經常使用的器皿。衆多器皿是在哪裡購買，是哪位作家的作品，她也記不太得了，但喜歡且最常使用的「還是白色！」據說這麼多器皿都用了十年、二十年（可能還有更久的？），不過，Miyuki的餐具櫃最近出現了改變。

「我女兒去年搬出去一個人住，把家裡好器皿全都帶走啦。不過，想到接下來她能比我使用得更久，就想說算啦，讓她拿去也好。」但改變的不僅是餐具的數量。餐桌的桌板也少了一片，尺寸更加精簡。過去孩子的房間現在成了她的臥房。「本來想把臥房打掉，整個天花板挑高，不過之後再說吧。」隨著家人的成長、生活型態的改變，這個家之後會變成什麼樣子呢？又是一件令人期待的樂事。

餐具都巧妙地收放在照片右側，利用樓梯下空間打造的大櫃子裡。櫃門朝左右對開，從內側數來六扇櫃門的上層都是作為餐具櫃之用（下方照片）。下層則收放籃子、保冷箱、甜點模型、野餐用具等。廚房裡的瓦斯爐組是法國廚電品牌Rosieres的產品，「在雅虎拍賣上便宜買到的。」

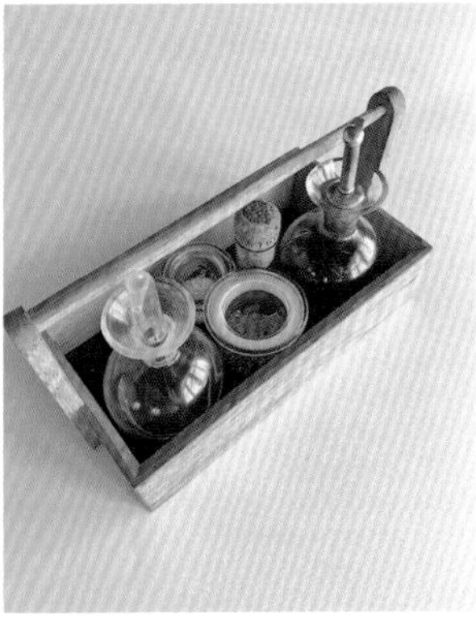

福美先生手工製作的調味料盒。

這面櫥櫃是先生新原福美親手製作。平日常用的器皿都收在櫃子中層。最上方是眾多賓客來訪或露營時使用的器皿。

吧台有座過去收放文件的小層架，為了改在廚房使用，DIY鋪了不鏽鋼桌面。下方還有輪子，方便移動。

廚房吧台的抽屜裡收放餐具、茶類、調理盆等。餐具？在哪裡？正感到納悶時，才發現看來像木片的其實是小盒子，裡頭分門別類收放餐具。聽說盒子都是利用回收木材製作的，每一片呈現不同面貌也另有風味。

窗框堅持使用木質，廚房當然也一樣。至於清潔維護，經過十三年也算很耐用了。雖然偶爾會透風進來，但更重要的是「視覺上感覺很棒」。我完全理解！

不僅大工程，就連小東西也有很多是自己親手製作。這只鍍金盤和餐具都是福美先生的作品，做工之精巧完全不像只出於個人興趣！工作上多半要與團隊合作，他表示，「像這樣一個人默默動手，開心製作自己喜歡的東西，就是轉換心情最好的方式。」

內田眞美

眞美風茶櫃

——料理研究家

Uchida Mami

出生於日本長崎縣。作為料理研究家，在雜誌、書籍、廣告等媒體設計料理與甜點食譜。對於茶文化及台灣飲食也有高深造詣。著有《我的家庭烘焙甜點》、《高含水萬用麵糰：一變多的神奇麵糰，做成麵包、比薩、中式點心、異國小點都好吃》等。

眞美的家，無論我何時造訪都保持整潔清爽。其實仔細看看，大概因爲工作的關係，她家裡的器皿和廚房用品還眞不少，但全都在視線範圍，似乎沒有被棄置在不見天日的角落。「話雖如此，但東西還是會一點一點，慢慢增加。所以發現用不到的東西，我會馬上送人或轉讓，保持物品進出的循環。」

現在的房子住了將近十五年。她說，蓋房子的時候，開給設計師的要求，就是要一棟什麼都沒有，空蕩蕩，可以再「加上去」的房子。「因爲原先就有一些家具，一開始也不清楚這個家住起來是什麼樣的感覺，所以才希望能之後再慢慢添購。」

設計師也提議了訂製的餐具櫃，但眞美說光靠設計圖她實在無法想像完成後的品質，更讓她錯愕的是報價。「蓋房子的時候，對於金錢的感覺多少會有些麻痺，很容易就被說服，覺得好像直接訂做也不錯……不過，最後還是打消念頭。」原來如此。對於接下來計畫自己蓋房子的人來說，這是個值得參考的建議。

「而且啊，一個全新的房子，搭配上全新的家具，眞的好嗎？」聽她這麼說，再看看二樓寬敞的客廳、飯廳、廚房空間，擺設的家具每一件都是獨具風味的老件。在眞美口中「全新且空蕩蕩」的空間裡，搭配一件一件精挑細選的家具後，整體呈現出一致的「眞美風」。

平常使用的器皿都收放在廚房對面右側的餐具櫃。「這個櫃子原本是朋友藝廊裡的展示櫃，我看了喜歡，跟他說再有類似的通知我一聲，對方竟然說，你就把這個帶回去吧！」這座她從三重縣小心翼翼運回家的餐具櫃，本來是兩層，現在她把上下層分開，放低使用。裡頭擺滿了從日本，還有中國、韓國、歐洲等地在旅途中收集的古董器皿。每一件都風格一致，這裡也展現了「眞美風」。「我的喜好從以前就沒怎麼變過，喜歡白色器皿，尤其是瓷器。可能因爲我出生在九州，對有田燒之類感到特別親近吧？」

第一二一頁的照片則是專放茶相關器物的家具櫃。印象中我大概兩年前造訪時她才剛買，裡面沒放什麼東西……？「就是說啊，結果一下子就塞滿了！」眞美口中的「茶櫃」，這座木櫃也是日本的老家具。她上網想找沒有壓迫感的玻璃櫥，找了好久總算發現了喜歡的。器皿仍然以白色爲主。沒錯，眞美給人的印象就是「白色」。

今天，她邀我來一場朋友間戲稱「如夢似幻」的下午茶（其實是我硬拜託她的）。平常習慣傍晚開始小酌，因此對於午後常是忙著處理工作的我來說，是夢寐以求的午茶時光。

等待司康出爐的時候，眞美燒水沖茶。看著她的舉手投足，每一個動作都精準優雅。平常我老覺得自己沖的茶不怎麼好喝，這也難怪，因爲我們倆沖茶時的心態完全不同嘛。往後我也要認眞面對沖茶這件事，而不是隨興敷衍，希望總有一天也能如此優雅。眞是讓我深深反省的一天。

這個專門收放茶相關用品的餐具櫃，裡頭有茶壺、杯子、日式茶壺、茶杯等。除了出國之外，真美家購物幾乎從不外出，連家具都是上網路搜尋。這座餐具櫃也是在仙台古董行網站找到的日本老家具。之所以感覺不太像日本的款式，是因為去除了表面的塗層。有三面都是玻璃。

這是主要的餐具櫃。想找到清爽、暗色，又不會太過有壓迫感的款式。前面一整排都是家中最常用的「王牌器皿」。 如同真美自己說的，她的喜好多年始終如一，現在家裡還有她在高中時期買的法國Duralex品牌玻璃杯呢。

寬廣的客廳、飯廳與廚房空間。右側是主要的餐具櫃。廚房吧台是由二手材料加上鋼材架組合，上方再鋪上木板。

AFTERNOON TEA
Anna Jones
FEAST FOR THE EYES

「司康一定要從烤箱剛出爐的狀態下端上桌，這是我們家不成文的規定。」真美說。用手剝開，立刻冒出暖心的蒸氣，宛如置身夢境。

內田家的器皿幾乎都是古董，只有少數創作者作品。這組是她的友人，韓國陶藝家李仁和的作品。李仁和同時是陶土研究家，他的白磁器皿十分輕薄纖細，甚至可以微微透光，還有前所未有的光滑手感。左側是杯子，李仁和將其命名為mami's cup。

挑選器皿

以白色為基調的美麗擺設。這就是「如夢似幻」的下午茶！

享用

司康搭配了鮮奶油加凝脂奶油、酸奶一起調製的特製奶油，還有果醬和多種乳酪。另外也準備加了香草大蒜的香草白乳酪「Cervelle de canut」。在等候司康出爐時沖的茶，真的好好喝！茶、司康、三明治、茶、另一種口味的司康、三明治……美好的循環可以永遠不休止。

伴手禮

「紅蜻蜓」的三明治

爲了因應眞美的要求——「就帶個三明治吧。」（據說她超愛氣派的三明治），我第一個想到的就是「紅蜻蜓」。用心製作，堪稱我個人心目中第一名的三明治，經常是我重要時刻的伴手禮（或是犒賞自己的獎品）。聊到陽台上的百里香開花了，眞美立刻去摘來把花撒在三明治上，這也讓人十分感動。

紅蜻蜓的三明治，可以在日本橋和新宿的高島屋買到。

鈴木善雄
引田舞
日式家具與廚房

——品牌總監、室內設計師

Suzuki Yoshio
Hikita Mai

CIRCUS公司的經營者(代表董事為鈴木先生)。業務內容包括店鋪設計、展場規劃、店鋪餐點與營運指導、古器物批發、選品等跨足多種不同領域。另外也負責2017年在新木場開幕的「CASICA」相關規劃。

從店鋪設計到室內裝潢、籌劃展示會場、攝影造型,還有……問起鈴木善雄與引田舞這對夫妻的工作,眞是讓人驚呼,「咦!連這個也做!?」想不到跨越了這麼多的領域。想當然耳,我對兩人的住居自然非常好奇,不知道是什麼樣子。

「剛結婚時我們住在惠比壽的住商混合大樓,建築物的外觀跟廢墟差不多。」善雄說完,舞隨著搭腔:「沒錯!沒錯!是棟很詭異的大樓,裡面好像還有偵探社。」比五坪大一點的小套房,據說其實布置得很舒適,但舞的父親很難接受女兒居然窩在這種地方……因此就算來到大樓門口,也壓根不會想上樓坐坐。

「我爸很好笑吧!」舞說。當初的住處其實兩人都很喜歡,「六年前剛好我懷孕,爸媽也搬家了,新房子的三樓空著,就邀我們一起住。」因此,搬到現在位於吉祥寺的家(引田家爸媽的餐具櫃見六十四~七十一頁)。

善雄過去一直想住在類似倉庫的房子,他說很難想像自己會住在這種獨棟建築,不過當他來看屋時,發現在一樓岳父岳母的住處竟然有暖爐。「我夢寐以求的柴火暖爐生活,說不定能就此實現!」在深受吸引之下，他決定搬家。當然，室內的裝修都由他一手包辦。

「一開始就把所有牆壁都打掉（聽說原本的格局是客廳、飯廳、廚房加兩房！）讓整間屋子成爲沒有死角的一大房。」至於開放空間的中央，是隨時都能看到全家人的廚房。即使如此，卻不會讓人有繁雜紊亂的生活感，不愧是專業人士的設計！「覺得在正中央直接放一台家用冰箱似乎不太理想，最後選了營業用的。至於微波爐、垃圾桶，也是構思很久該怎麼藏起來。」善雄說。原來如此，要是將家電用品展現在外，確實看起來就免不了多了生活感。

家中主要的餐具櫃就在柴火暖爐旁的貴賓席。以幾件日式家具堆積而成，不夠的地方就用老木材補上，這種所謂的CIRCUS風格（CIRCUS是夫妻倆經營的公司名稱）還眞是不錯。整個家的裝潢大致還算滿意……「不過，像是廚房吧台應該要磨得更光滑才好，還有，FRP（玻璃纖維強化塑膠）水槽的污漬不太容易清掉等等，還有很多要檢討的地方。」即使如此，他在工作上養成的習慣仍是先嘗試，需要修正的日後再改，有其他需求再做就好，大概是這樣的思維。

至於另一座餐具櫃，是在水槽前方的日本老櫃子，有時也當成作業台面使用。「我喜歡木材的深色，於是把外面的塗層去除，上油之後，裡面又加了層板。」在哪裡……我仔細看了之後，發現連大盤子、蒸籠都能放進去，收納空間十足。有沒有加裝新層板，使用效率大大不同。「我提出這裡想要弄成這個樣子，善雄就會提出點子說不然這樣如何？然後動手完成。他眞的是神隊友。」舞說。就連餐桌的改造也是，爲了配合椅子的高度，善雄還自行用木材爲桌腳增加了三公分左右。眞好。我深深明白了「神隊友」背後的意義。

並不是要人去配合房子，而是爲了讓自己生活得更舒服，逐漸打造出理想的家。對啊，畢竟是自己要住的地方嘛……在午後的片刻，我心有所感獨自喃喃。

2021.05

主要的餐具櫃。器皿有古董、創作者作品等，各式各樣。舞說加上工作上使用的器皿愈來愈多，但似乎所有東西的位置都在她的掌握之中。

廚房右側是有玻璃門的餐具櫃。

作業台面下方收放大盤子等器皿。

上 餐桌也有抽屜，裡頭收放餐具。
下 廚房對面的大櫃子，也當成作業台面，十分實用。往裡頭就是餐桌。

經常使用的器皿。土黃色大缽是不確定來自何處的古董。後方的白盤為伊藤環作品，前方的白磁杯則出自韓國創作者李起助之手。善雄也愛做菜，他會在這個廚房製作員工餐，冬天還會用柴火暖爐的烤箱烤披薩。

柴火暖爐旁邊的開放櫃收放經常使用的器皿。櫃子據說是由老木材組合而成，仔細看看會發現，真的！木板的型態與色澤都有些微差異。下方的櫃門遮住了裡頭的微波爐和垃圾桶，牆面右側則是水槽與瓦斯爐台。

BALMUDA

各款日式家具與米白色磁磚相互呼應，整體相當協調的廚房。櫃子裡收放了茶葉、孩子的零食、藥品等。

橋本靖代

內凹的層板

——服裝設計師

Hashimoto Yasuyo

於文化服裝學院學習針織設計，並曾任服裝公司設計師一職。2007年自立門戶創立織品品牌「n100」。於2018年又另外成立了「eleven 2nd」，提供以織品為主的高級日常服飾。

這棟位於東京都內的老公寓，據說是上一次東京奧運（一九六四年）三年後落成的。大片窗戶外頭是遼闊的晴空，真是個讓人心曠神怡的好地點！

「搬到這裡是四年前的事。想當初，還煩惱這個狹長的室內空間該怎麼使用才好，總之，就從沒辦法自由移動的衛浴、廚房這些需要用水的地方著手。不過，基本上的格局沒什麼變動啦。」靖代說。屋子裡「狹長的空間」一共有兩處。一是窗邊的客廳、飯廳與廚房，這裡有時也可以當作辦展覽的公共空間。另一個則是對側的臥房與衣櫥。公共空間的地面貼了灰色磁磚，私人空間則是木地板。她說格局沒有改變，只靠不同的地板材質，感覺也會大不相同。

第一四一頁的餐具櫃，是她的伴侶伊能先生利用兩個房間正中央，也就是一處死角空間，親手打造而成。中間往內凹的層板，似乎非常實用。原來如此，這樣的設計可以清楚看到整個櫃子，拿取物品也非常方便。「一開始內凹部分的層板比較淺，後來加了木板就變成現在這樣。」據說收納量一下子增加不少。

就像這樣，在生活中陸續調整，讓家裡的環境愈來愈舒適。靖代說：「因爲家裡就有裝潢承包商（伊能先生的工作就是承接店鋪、住家的設計裝修工程），只要說想改成這樣，他就會馬上幫我調整。」這實在太令人羨慕了。因爲自己做不到，遇到這種不至於要請專人裝修的小地方，要調整時也不知道該找誰才好。

兩人搬到這個家時，才開始一起生活。「所以這裡的東西全是兩人各自帶過來的。」新添購的只有客廳裡那張大圓桌。「沙發也有兩座。本來只想留一座，沒想到放了之後感覺很好。就覺得，嗯？有兩座沙發也不錯嘛。」

器皿雖然也是「各自帶過來」，但數量上靖代當然是遠遠超越。而且她是個超級購物狂，所以器皿只增不減。除了「內凹層架餐具櫃」，她還向我介紹了水槽下方的抽屜、水槽前方訂製的玻璃器皿專用餐具櫃等收納空間。果然數量驚人！（還有一些收在紙箱裡堆放在儲藏間）我問她，難道不會想送人，或是在跳蚤市場出售嗎？她回答：「嗯，器皿的話目前還不打算處理耶。」有時候來家裡玩的朋友會說：「東西不用丟也無所謂啦！有很多東西才好呀！」然後每次帶著放心的表情回去。不過呢，我的想法是這樣的，這裡的物品全都是經過靖代精挑細選，就算數量龐大，挑選的標準相當一致，因此整間屋子毫不雜亂，反而是個令人怡然舒適的空間。

其實，這天原本也想借用她家的廚房做菜，但考量到疫情的關係，最後還是決定做了好久沒做的便當。把飯裝進便當盒之後，鋪上咖哩，然後細心擺放烤蔬菜、水煮蛋等配菜。蓋上便當蓋，最後附上當作甜點的小芭蕉。下次再拜訪時，希望能拋開一切顧忌暢快飲酒，盡情歡笑。

餐具櫃的層板呈ㄇ字形。一開始往內凹得更深一些，後來將前方的層板多補了一點，又加上一層，讓整體收納空間增加。像這樣在生活中因應需求逐漸改變的方式很理想，卻不容易實現。

廚房的後方是浴室。當初想好了「家裡不要另外裝設對開的門」，因此在收合拉門的空間中加設了超級細長的層架，專門收放托盤。沒錯沒錯！這種托盤在收納上最傷腦筋了，疊放又不好拿取……

烤箱竟然是嵌入式的。抽屜櫃是購自IKEA。在橋本家到處可以看到各種巧思。

將客廳旁邊房間的內凹空間改裝為餐具櫃。平常使用的器皿收放在廚房的抽屜裡，這裡則收納偶爾使用的器皿。由於距離餐桌並不遠，使用起來也沒有任何不便。沒錯，就算是餐具也未必要全部集中收放在廚房周圍。

面對面的廚房。前方櫃子專門收放玻璃類器皿，因為深度較淺，拿取物品很方便。

水槽下方的抽屜也擺滿了器皿。

水槽前方的櫃子裡有一整排創作者友人辻和美的玻璃作品。

在這種連外出都無法隨心所欲的時候，「購買欲？絲毫都沒有減少呀！」靖代說，最近器皿她都找信任的藝廊老闆，在對方的網路商店購買。左側深綠色的器皿是近期的心頭好，韓國陶藝家金憲鎬的作品；右後方的杯子則是出自崔在皓之手。

食譜

乾咖哩

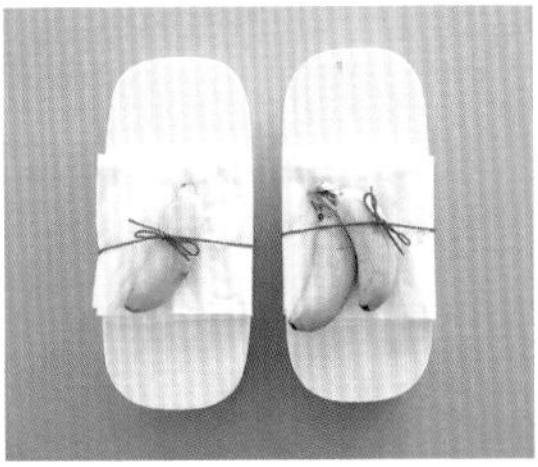

一次做多一點，方便好用。而且還可以冷凍保存。加上撒點鹽的烤蔬菜、水煮蛋、涼拌紅蘿蔔絲等，看起來就是個豐富又讓人開心的便當。

洋蔥……（中）1顆
大蒜……1瓣
薑……1片
豬絞肉……600g
青椒……3顆
番茄罐……½罐
咖哩粉……3大匙
橄欖油、鹽、胡椒……適量

①大蒜、薑、洋蔥分別切成細末。
②青椒切成邊長八公釐的小片。
③鍋子裡倒入橄欖油加熱後加入①，爆香後繼續以小火慢炒。
④在③中加入豬絞肉，炒熟之後加入罐裝番茄，並加入與番茄罐頭等量的水，小火燉煮。
⑤在④中加入咖哩粉、鹽、胡椒，加入青椒後以小火燉煮收汁十分鐘左右。

後來的餐具櫃

這兩年多來，我家的餐具櫃變了很多。六扇門之中大概有一扇門裡的餐具都轉讓給朋友了。曾經是自己心愛的器皿，就這樣放手不會心疼嗎？與其說會，此刻心中更有一種「彼此曾經擁有過」的踏實。

照片最右側，現在空下來的櫃門裡放的是筆電和工作上的資料。一天的開始，我會從那扇門裡拿出筆電工作，傍晚工作結束後再收回去。對於在家工作，辦公室就是住家的我來說，要切換工作與生活並不簡單，但改成這個模式之後就能立刻解決。生活上比過去輕鬆多了。我甚至會想，怎麼沒有早一點這麼做呢！但凡事都

要有個契機，否則恐怕沒那麼容易。

就我個人而言，契機有兩個。第一就是因爲疫情的關係，在家的時間變多了；再來就是到處採訪各家的餐具櫃。該怎麼說呢，總之每次採訪都讓我大受影響。

話雖如此，但我指的不是改變餐具櫃的外型，而是接納了眾人使用餐具櫃的哲學。大致上以「促進循環」、「保持清潔」，以及「相信自己的敏銳度」爲三大主軸。這世上有多少生活方式，就有多少餐具櫃。我想，接下來我也會不時在拜訪友人家時參觀他們的餐具櫃，然後不斷有新發現與驚喜。

話說回來，雖然家中餐具數量減少，但我的購買欲可不會因此降低。下一頁就來介紹減少之後我又添購的戰利品。未來大概會像這樣，持續變化吧。

1 和設計師猿山修共同創作的瓷盤。有橢圓形和圓形，橢圓形的長徑為24公分，圓形的直徑為21公分。和紮實的陶土碗缽等相互搭配，會變得輕巧，我很喜歡。另外，也可以毫無顧慮使用洗碗機清洗，成了家中每日使用的器皿。

2 與陶藝家內田鋼一合作的鋼正堂餐盤。做西式料理時多半都會搭配這款餐盤。雖然是量產產品，但端起來有分量的質感與溫度，我很喜歡。這也是放心每天使用的器皿。

3 唐津陶藝家中里花子創作的馬克杯。全系列共有四款顏色，每種都很好看，因此大小尺寸我各買了四款顏色。大尺寸不但能裝茶，也可以當作湯杯使用。

4 整理過餐具櫃之後，我重振精神購買的就是這套想了很久的Richard Ginori營業用餐盤。全系列還有湯盤、小碗，我各買了六只，招待客人時非常實用。

5 在古董市集閒逛時發現的，李朝的托盤和韓式湯匙。跟其他托盤比起來價格便宜很多，一問之下才知道，「因為底部的腳壞了」，真幸運！挖到寶物，正是逛市集的樂趣所在。

1

2

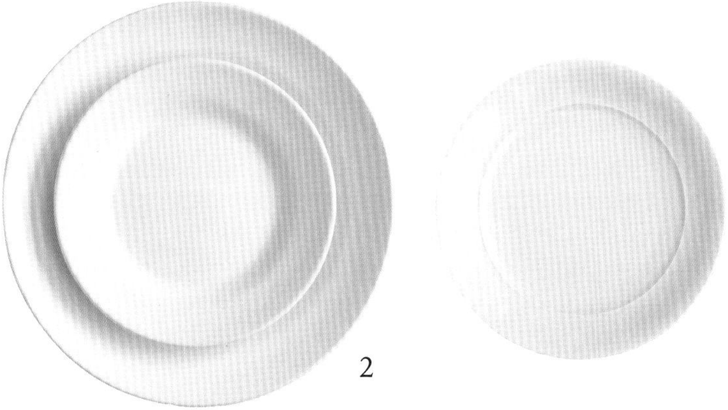

3

5

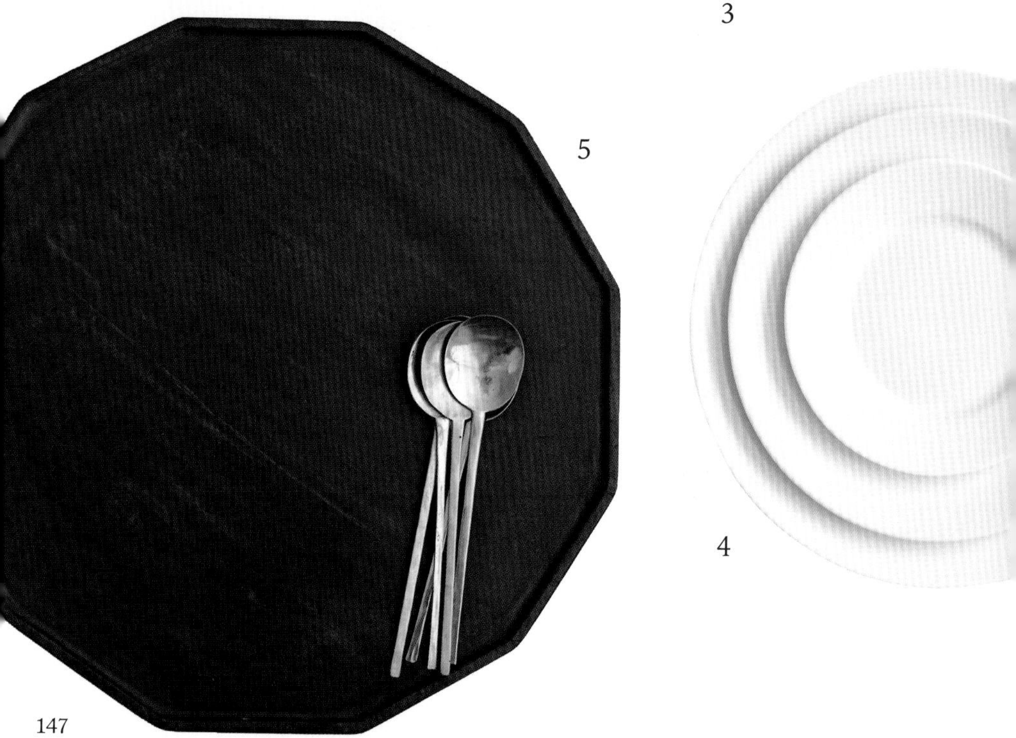

4

6

7

8

9

10

6 在內田鋼一主導的藝廊「泛白」的Instagram上購買的粉引片口缽。直徑約23公分。雖然很有分量，但或許因為是白色的關係，給人輕盈的印象。

7 上方是幾年前就買的粉引盤。下方則是在因工作造訪的藝廊中發現的黑釉器皿。我似乎看到喜歡的款式就想要「包色」。這是島琉璃子的作品。

8 在日本酒藝廊找到的，由森口信一創作的「我谷盆」。落落大方讓人感受到木材原有風貌的模樣讓我一見鍾情。可以放上酒器，或是鋪上葉蘭葉盛裝壽司。

9 無論色調、質感，經常讓我覺得好喜歡的就是瀨戶的老器皿。小皿很適合盛裝日式甜點。高雅的甜點，放在這套小盤子裡，最適合我們家品茶時間的氣氛。

10 在「泛白」的Instagram上看到的李朝白磁高台盤。直徑達22公分，可以盛裝的料理種類很多。另外，因為有相當高度，端上餐桌可以營造出韻律感。是我最近覺得買得相當值得的一件。

西式食器的數量已經減少很多，目前幾乎都是白色系。右側那扇門裡收放的是工作資料、筆電以及文具等。

廚房角落一處深為十九公分的櫃子，收納玻璃類及茶相關的用具。物品一目瞭然且方便拿取。訂製餐具櫃的時候，會想要做很多這個尺寸的層板。

在飯廳的小櫃子裡，收放喝酒時使用的酒杯。餐桌與酒櫃就在附近，動線流暢。

採訪之後，為潔淨清爽的廚房深深感動。我也把砧板、廚房抹布、木匙這些用具全都收到櫃門之後。這兩年來，家中最大的改變或許就是這裡。每次在廚房忙完之後，我會把吧台台面、磁磚、地板全部擦過一次，乾淨又爽快。

讓我看看你的餐具櫃

作者　伊藤正子
譯者　葉韋利
攝影　廣瀨達郎（新潮社攝影部）
仁平綾（P.108-111）
在田佳代子（P.114-117）
Kanaya Miyuki（P.120-123）
伊藤正子（P.41-55）
插畫　有山胡春
設計　mollychang.cagw.
日文編輯　蔣奇樺
總編輯　林明月

發行人　江明玉
出版、發行　大鴻藝術股份有限公司 合作社出版
台北市103 大同區南京西路62號15樓之6
電話：（02）2559-0506　傳真：（02）2559-0508
E-mail：hcspress@gmail.com
總經銷　高寶書版集團
台北市114內湖區洲子街88號3F
電話：（02）2799-2788　傳真：（02）2799-0909

2024年4月初版一刷
定價450元

本書由《藝術新潮》雜誌
「那個人與餐具櫃」專欄文章（2020年2月號～2021年8月號）增添修訂成冊。
各篇末的數字爲採訪年月。文章內容皆爲採訪當時情境。

CIP
讓我看看你的餐具櫃 / 伊藤正子 著；葉韋利 譯.
-- 初版. -- 台北市：大鴻藝術股份有限公司合作社出版, 2024.04, 152面；15×21公分
ISBN 978-986-06824-3-4（平裝）
1.CST：食物容器 2.CST：餐具　427.9　113004626